资源节约与环境保护丛书

西部城市
生态环境
与
安全格局

Ecological Environment
and
Security Pattern
of
Western Cities

崔秀萍　张瑞麟◎著

本书获内蒙古财经大学学术
专著出版基金资助

经济管理出版社
ECONOMY & MANAGEMENT PUBLISHING HOUSE

图书在版编目（CIP）数据

西部城市生态环境与安全格局／崔秀萍，张瑞麟著. —北京：经济管理出版社，2020. 5

ISBN 978-7-5096-7132-0

Ⅰ. ①西… Ⅱ. ①崔… ②张… Ⅲ. ①城市环境—生态环境—生态安全—研究—内蒙古 Ⅳ. ①X321. 226

中国版本图书馆 CIP 数据核字（2020）第 088305 号

组稿编辑：王光艳
责任编辑：魏晨红
责任印制：黄章平
责任校对：陈晓霞

出版发行：经济管理出版社
（北京市海淀区北蜂窝 8 号中雅大厦 A 座 11 层 100038）
网 址：www. E-mp. com. cn
电 话：（010）51915602
印 刷：北京晨旭印刷厂
经 销：新华书店
开 本：720mm×1000mm ／16
印 张：10
字 数：175 千字
版 次：2020 年 4 月第 1 版 2020 年 4 月第 1 次印刷
书 号：ISBN 978-7-5096-7132-0
定 价：68. 00 元

前　言

城市作为人类发展历程中社会经济活动的必然产物，是人类社会在自然视角下生态演替的必定结果，是人类文明集成的重要地域单元和物质财富聚集的主要分布区域，是在一定时空范畴内，以人为中心、为主体的人工复合特殊生态系统，其环境包括自然环境和人工环境。城市往往集中了一个国家或一个地区在社会、经济及文化等领域最先进、最重要和最核心的部分，它的状况既可反映出其社会经济发展历程与现状，亦可体现这一个国家或地区物质文明及精神文明的发展水平与方向。

当前，随着“丝绸之路经济带”建设和“西部大开发战略”实施的不断推进，西部地区城市对我国的区域发展战略作用越来越关键。西部地区城市以及城市群的发展在我国全面建成小康社会、缩小东西部地区社会经济发展差距、维护各民族安定团结、国防安全建设和构筑西部生态安全屏障等方面起着十分重要的作用。如今，随着西部地区社会经济的进一步发展以及新型城镇化建设的快速推进，西部内陆城市进入了快速发展时期，但同时也引发了一系列生态环境问题。因此，西部地区城市如何在城市发展过程中规避解决生态环境问题，如何实现协调健康发展，对于生态环境本底脆弱、社会经济综合实力较弱的西部城市来讲是十分值得关注和研究的问题，是一个重要的多学科交叉研究方向，也是本书努力探讨的一个新视角。本书在理论和方法上整合，借鉴了诸多专家学者的研究经验及成果，并在此基础上对方法、内容进一步深入化、具体化，以内蒙古呼和浩特市及鄂尔多斯市为案例，对西部脆弱地区城市生态环境与生态安全问题进行了研究分析。

内蒙古自治区是关系国家生态安全的核心地区之一，而被誉为内蒙古“金三角”地区的“呼包鄂”城市群更是我国西部大开发的重要区域和重要生态屏障。其是全国高端能源的化工基地，“丝绸之路经济带”建设的战略支点，西北地区生态文明建设的共建区，完善沿边开发开放布局的重点区域，少数民族地区城乡融合发展的先行区，对我国西部地区的社会经济发展、生态安全构筑、维护各民族安定团结意义重大。呼和浩特市与鄂尔多斯市又是“呼包鄂榆”城市群的核心重要区域，其中，以呼和浩特市为首府城市，是内蒙古自治区的政治、经济、文化中心；鄂尔多斯市为资源型城市，能源资源富集，是内蒙古能源经济发展核心区域，更是我国改革开放40多年来的18个典型地区之一。总之，这两座城市对内蒙古乃至全国来讲，区位优势明显，战略地位突出。

目前，呼和浩特市与鄂尔多斯市也迎来了城市快速发展的新时期，但由于该地区的生态环境本身脆弱，呼和浩特市与鄂尔多斯市也面临着一系列的生态环境问题。其中呼和浩特市作为内蒙古的首府，城市用地扩展、工业集聚、汽车尾气排放量增大、大气污染、水资源无节制的利用、工业及生活污染等问题突出；而鄂尔多斯市主要以煤矿产业及其延伸产业为主，土地退化、土壤污染、水资源短缺及污染等方面存在较大风险。由此引发的呼和浩特市与鄂尔多斯市在环境污染、资源耗竭、人口过度密集、生态破坏和交通压力等城市生态环境问题日益凸显，城市区域生态风险等级不断提高，生态安全受到威胁。

本书以呼和浩特市和鄂尔多斯市为案例，根据现有相关研究理论与方法，结合研究区域的现状和特征，针对其城市生态系统在自然环境、地理位置、社会经济以及文化背景等领域的特殊性、重要性及敏感性等特点，对其生态环境及生态安全问题进行了研究分析。并针对性地提出了西部生态脆弱区城市生态文明建设与调控优化策略，以期使该区域能在生态屏障、能源基地以及经济走廊等方面充分发挥区位优势，实现西部地区城市的可持续发展，同时亦期望为其他西部地区或我国其他地区的城市发展建设提供理论依据和范式支撑。

囿于笔者的经验和水平，书中难免有错误和不足之处，敬请专家学者和相关部门的同志批评指正。

崔秀萍　张瑞麟
2019年3月5日

目 录

第❶章
绪　论

作为人类最大的聚落，城市是人类文明集成的重要地域单元和物质财富聚集的主要分布区域，迄今为止它已走过了6000多年的发展历程。城市的形成与发展往往是复杂的、漫长的，社会经济发展状况、科学技术与生产力水平、民俗文化特征、政治历史背景、区域资源条件以及综合生态环境质量等因素对城市的形成与发展都有非常重要的影响，这些影响因素的变化往往决定着城市的兴衰。

1765年，英国工业革命爆发，这是城市发展历程中的一个历史节点，标志着人类开始从农业文明时期进入了工业文明时期，同时也掀开了城市飞跃发展的新篇章。这场人类历史的重大变革，标志着人类社会进入了新的时期，科学技术突飞猛进，生产力迅速发展。城市逐渐成为社会经济发展所必需的物质空间载体，特别是其规模效益和集聚效益在城市中得到了充分的体现。城市化与工业化既促进了城市的迅速扩张和无限发展，又导致了大量新兴城市的形成，乃至一些国际化大都市、城市群和城市圈的出现，从而开创了人类历史时期城市发展的新纪元。美国著名城市理论家刘易斯·芒福德在其巨著《城市发展史——起源、演变和前景》中指出："古代城市在形成初期，往往是把人类社会生活中的许多分散的单元聚集起来，同时用城墙圈围、保护起来，以促进不同构成结构的相互作用与融合过程，并形成了城市的雏形。"社会功能是城市功能的重要组成部分，但是，随着城市中人类社会生活快速的交往和合作而产生的共同目标，对城市的发展意义更为深远。城市斡旋于宇宙有序形式（由天文学家牧师所揭示的）与王权的统一大业之间。前者在庙宇内及其圣界内形成，后者在城堡和城市的围墙内形成。总之，城市是人类物质发展和精神发展的集合，把人类社会渴望发展的理想和抱负集中到了一个中央的政治和宗教核心中，使得它有能力去处理新石器时代丰硕的文化成果。

城市有效地发挥了物质、文化的聚集效益和辐射效益，极大地缩短了人与人之间的时空距离，使人类在各个领域的交流沟通、协作配合更加便捷、快速、高效，而且它的产品还可以被有效、快速地储存和复制。通过城市的建筑古迹、文字记载、风俗文化和交流沟通，城市使人们的活动范围、可触及的领域、交流合作的机会都被扩大了，并使这些活动能够不断传承，继往开来，从而推动人类社会文明的不断进步。城市中的各类民用、公用及纪念性建筑、城市档案、书籍和文化古迹以及各种石碑等储存设施，凝结了人类的智慧和力量，它不但可以丰富城市的文化多样性，同时将精神文化的硕果不断延续和传承，使得人类在物质和精神领域实现了文明的延续。从而构成了城市的两大环境，即物质环境和精神环境，而这两大财富也是城市给予人类的最大贡献。

人类社会在形成和发展城市的同时，人与城市在各个领域、层次都存在多变性与多样性，体现在人与城市相互作用的界面、方式、过程及效应等许多方面，而随之而来的各类问题也具有多样性与复杂性，几乎涉及了城市系统中的社会、经济及环境等每个子系统。特别是随着城市化、工业化的快速发展，它们所带来的生态破坏、环境污染、资源耗竭、土地退化、森林减少、气候异常、物种消失以及人口剧增等问题日益突出，这些生态环境问题归根结底是由于人类的行为不当而产生的，因此，选择致力于解决人与自然矛盾的可持续发展之路是历史的必然，也是人类城市生态文明建设的关键。

当前，随着全球城市化进程的不断加快，如何协调城市发展与生态环境保护的关系已上升为全球性的战略问题，受到了各个国家和地区的高度重视。

20 世纪 90 年代初期，世界卫生组织就指出了城市化对全球环境有着重要的影响，其中最直接的影响就是自然环境恶化和城市环境中人类生活质量下降。联合国前助理秘书长沃利·恩道曾和 A. J. Mmichael 认为，城市化是一把“双刃剑”，一方面极大地推动了人类社会的物质和精神文明发展；另一方面城市扩张、人口增加以及工业的增长给自然资源和生态环境带来了压力，危害人类的生存环境和人类健康。建设生态城市是平衡这一矛盾的唯一出路。

我国作为发展中国家，由于生态环境本底脆弱、人口基数庞大、经济基础薄弱等因素，经济快速发展对环境、资源的压力不断增加。这对于生态环境总体恶化、局部改善、城市化进程正在加快的中国来说，正面临着严重挑战。事实上，协调、平衡城市的发展扩张与城市生态环境保护往往是十分困难的，二者之间的关系非常复杂，很多时候都以矛盾的对立面表现出来。主要体现为：一方面与国外发达国家相比，我国城市化起步较晚，快速发展时期集中、短暂，而且我国的大部分城市及城镇的生态环境本底脆弱，生态限制因子较多且复杂，工业发展以新型工业化为主体，在发展过程中受到了周围生态环境的胁迫，表现为发展初期生态环境的恶化，发展中后期生态环境将会逐步改善。另一方面城市生态环境是城市存在与发展的基础保障，一旦被破坏，势必影响和制约城市发展规模和空间结构优化，破坏城市生态系统的平衡，进而延滞城市化发展进程，甚至导致城市迁移或废弃。随着城市人口增长、经济扩张和地域扩展，二者通过各种相互作用而彼此影响、制约，这种交互耦合关系可以看作是一个开放的、非平衡的、具有非线性相互作用和自组织能力的动态涨落系统。因此，如何实现城市的健康快速发展，即在城市化快速发展的同时，还要保护城市生态环境的平衡，这已经成为学术界和政府决策部门普遍关注的重大战略问题。

全面推进城镇化建设作为我国的重大战略，继实施以来，城市作为区域社会经济发展与人口分布的重要载体，是各种社会经济生产要素最集中的地区，是基础设施建设投资的重点，是生态环境建设的重要依托，是科技教育发展的技术创新高地。同时，由于“产业聚集”“人口集中”，城市区域也是在“资源约束趋紧、环境污染严重、生态系统退化”的严峻形势下，我国生态文明建设的重点区域。因此，推进工业化和城市化的协同、健康、科学发展是保护环境、维护生态平衡、全面建设小康社会与和谐社会、构筑人与自然和谐发展的必由之路。

由人类发展历史的经验和教训可知，城市化的可持续发展不应该是“自掘坟墓式”的发展，我国健康的城市化道路应该是一种以人为本、资源节约、产业优化、空间协调、生态环境友好、适中适速、安全和谐、城乡共荣、与资源和生态环境承载能力相适应、与新农村建设相结合的城市化发展模式。而实现城市化健康发展的关键就是要构筑城市化与生态环境的和谐发展，这也是人类社会向良好方向发展、长治久安的良策。

在人类社会发展的历程中，城市化阶段作为其发展的高级阶段，是人类文明进步的标志之一。城市化进程不仅可以优化资源配置，完善人口聚集程度和基础设施条件，还能培育新的经济增长点和提升区域经济竞争力、优化产业结构、解决就业、建设小康社会的过程。在全面推进城市化建设的同时，注重生态环境的保护，实现加快区域城市化、工业化发展和国民经济发展的生态化进程，对进一步贯彻落实习近平新时代中国特色社会主义思想、建设资源节约型城市、环境友好型城市、和谐宜居生态型城市等都具有积极的现实意义。

工业化与城市化是人类社会文明进步的标志，其为人类所带来的福祉是巨大的，它们也是人类实现构建和谐社会的必由之路。因此，我国要建立一个绿色发展、循环发展、低碳发展的新型城市化，它绝不是传统城市化的简单升级，而是一次从内到外的、深刻的全面扬弃与升华。新型城市化的核心要义在于"新"，这个"新"明确体现在城市化发展中，以人为本，要从一味追求经济发展、地域空间的扩张、盲目扩大城镇物质空间的传统城市发展模式转移到基于生态文明的健康发展、可持续发展和优化结构的新道路上来。显然，作为国家当前发展的一个新战略，新型城市化必将使我国城市化建设发展进入一个崭新的历史时期，也将是每一个中国城市谋划发展的新思路和新目标。

当前，从党的十九大报告对社会主要矛盾的全新表述可以看出，党中央、国务院高度重视生态文明建设问题，生态环境的治理和保护已成为新时代赋予我党的重要历史使命之一。此外，内蒙古自治区十届四次全委会也强调要加快建设美丽内蒙古，必须着力解决各区域发展不平衡、不充分的问题，大力推进高质量发展，满足全区各族人民在生态文明方面不断增长的需求，坚守发展、生态、民生底线，实现人与自然协调发展。同时，党的第十八届中央委员会第五次全体会议强调了要构建科学合理的城市化格局和生态安全格局。2016 年 11 月 15 日，国务院常务会议通过的《"十三五"生态环境保护规划》（以下简称《规划》）明确指出，西部地区社会经济发展要坚持生态优先，推行绿色发展，强化生态环境保护，筑牢生态安全屏障功能，构筑西部地区生态文明建设先行区。此外，《规划》还提出从 2018 年开始，我国将逐步开展省域、区域、城市群生态环境保护等相关方面的空间规划研究。

城市是人类社会经济活动最为集中的场所，随着城市化、现代化的不断发展，城市作为一个运动着的客体，其组成部分、结构体系、功能特征等也在不断地变化、丰富，其活动频率、活动容量及活动效应也在不断增加。因此，人类的活动对城市自然环境系统的扰动与影响也越来越集中、强烈和频繁，由此带来的城市环境问题也越来越突出和严重。随着社会的不断进步和人们思想意识的逐渐提高，生态环境问题越来越为公众所关注和重视。其中，城市生态环境质量是城市生态环境对城市居民生存和发展适宜程度的一种衡量指标。城市生态环境质量评价可定性或定量地分析和判别城市生态环境质量的优劣程度，可为协调城市发展与环境保护关系、综合整治城市生态环境、实现城市生态系统良性循环提供科学理论依据，同时也是制定城市国民经济社会发展计划和城市环境规划的生态理论基础。

西部地区是我国少数民族分布最集中的地区，生态环境本底脆弱，社会经济综合实力较弱。随着“西部大开发战略”的深入实施，以及“丝绸之路经济带”建设的推进，西部地区的社会经济发展迎来了一个崭新的历史发展时期。西部地区城市及城市群的健康快速发展，将成为推动我国国土空间均衡开发，引领区域经济发展的重要增长极，促进民族地区城乡融合发展的先行区。同时，由于西部城市生态环境本底脆弱，较我国其他区域的城市具有明显的脆弱性、复杂性和敏感性，在新型城镇化快速推进中，往往易引发较高的区域生态风险。因此，如何协调自然、社会与经济的和谐发展，实现西部城市的可持续性发展，这对于生态环境本底脆弱、社会经济综合水平较低，但又渴求发展的西部内陆城市来讲，是值得关注与思考的重大战略问题。

第❷章 基础理论综述

2.1 生态学理论基础

2.1.1 生态学

德国动物学家 E. Haeckel 于 1866 年给出的生态学（Ecology）的定义是："关于生物有机体与其外部世界的关系，即广义的生存条件间相互关系的科学。"这时期生态学的概念较为狭窄。1889 年，他又提出："生态学是一门自然经济学，它包括所有生物有机体关系的变化。"至此，生态学的内涵与外延得到了极大的丰富，研究范围也逐渐扩大。自 19 世纪 90 年代开始，生态学在欧洲成为被认可的学科，并受到了学术界和社会其他各领域的高度关注和重视，此后该学科迅速发展，并取得了丰硕的研究成果，为生态学的进一步发展奠定了基础。

生态学这一经典定义维持了将近一个世纪。直到 20 世纪 60 年代末 70 年代初，由于环境、资源、人口及粮食等问题变得越来越严峻，出现了许多传统生态学无法解释的问题，使得相关的专家学者开始重新审视和思考生态学这门学科，为解决这些与人类前途命运攸关的重大问题，从多视角、多层面提出了许多生态学的新定义，如 E. P. Odum（1971）提出："生态学是研究自然界结构和功能的科学，其中的人类也是自然界的组成部分。"其在撰写的新书《生态学——科学与社会的桥梁》（1997）中指出，生态学虽然起源于生物学，但经过不断的发展、完善，生态学已经成为了一门研究个体与整体关系的独立科学，主要研究生物、自然环境及人类社会的相互关系。马世骏（1980）也提出："生态学是一门多学科交叉的自然科学，是生命系统与环境系统之间相互作用的综合体系。”至此，生态学深化了研究内容，拓展了研究范畴，不再仅仅局限于描述自然，而是要应用生态学的理论与方法去为人类解决生存和发展中所面临的问题，不仅要阐述生物（包括人）与生物之间以及生物与其环境之间的相互关系和作用，更要研究和揭示相互作用的规律及其机理。

生态学的发展历史不过100多年，因此与其他古老学科相比，它属于一门新兴的年轻学科。自20世纪70年代以来，随着现代工业的快速发展，环境危机开始凸显，环境污染、生态破坏、资源耗竭和人口剧增等生态问题日益严峻，成为公众关注的焦点问题，“生态”一词骤然流行，成了报纸杂志、广播电视中以及网络传媒的常见词汇，同时也成了许多国家领导人在他们向其选民或国民昭示施政方针时不可缺少的热点话题，被认为是理解环境问题和提供解决方案的主要学科，生态学被广泛认知，并站在了为社会服务的前线，它的作用与重要性逐渐凸显。例如，日本前内阁总理大臣田中角荣能够仕途顺利，主要是由于在他的《日本国土整治论》一书中主张要保护生态环境，从而深得民心。可以说，生态学虽然起步较晚，但其发展壮大的速度、普及应用的范围远远超过了其他学科。如今，生态学与自然学科不断地交叉融合，产生了许多新的边缘学科，如景观生态学、化学生态学、地理生态学、群落生态学、分子生态学、遗传生态学、海洋生态学、河流生态学、宇宙生态学、工业生态学、农业生态学以及生态工程学等，研究范围日益广泛，研究领域与内容也越来越多样，这样多样化的发展也进一步丰富了生态学的内涵和外延，如开始强调植被、种群动态、生态系统物质流动、适应性进化以及和物理环境的相互关系。虽然有了诸多的改变与发展，但还是围绕着生态学的核心概念来进行的，即“研究生物体与环境的相互关系”。同时，生态学还与许多社会科学的学科交叉融合，出现了社会生态学、城市生态学、生态经济学、人类生态学、生态伦理学、生态哲学、产业生态学等分支学科。特别是城市生态学发展成为了诸多交叉学科中的一门非常重要的学科。在20世纪的最后十年中，城市化（特别是城市的扩张）和全球性的环境问题更进一步将环境保护推到了历史的前沿，成为现在人类文明史最为重要的大概念，生态学的理论与方法被引用到了人类最大的聚落——城市之中。生态学作为最基本的科学基础，也由此成为了为人类探寻和解决城市问题的核心领域。正是在这样的背景条件下，城市生态学应运而生，并且发展迅速，成为了一门领域广泛和内容丰富的学科。一门分支学科的产生既有它独特的研究对象、研究内容和研究方法，同时也离不开母本学科的基本原理和基础知识。因此，作为分支学科，在认识、研究城市生态学时，生态学的相关基础知识必然不可或缺。

2.1.2 生态系统

生态系统（Ecosystem）的概念是由英国学者坦斯黎（A. G. Tansley）首先提出来的，主要是依据前人和他本人对森林群落的相关基础研究，特别是美国学者 Clements 的森林演替单元顶极理论与他本人的森林演替多元顶极理论为生态系统的提出奠定了基础。此时，生态系统是一个包含物理—化学—生物活动的系统。此后许多专家学者对生态系统理论方法和实践应用做出了巨大的贡献。如苏联植物生态学家 V. N. Sukachev（1944）认为，“生物地理群落（Biogeocoenosis）是地球表面的一个地段，包括在一定的空间内与生物群落相适应的大气圈、岩石圈、水圈和土壤圈”。在生态学范畴，这两种概念实为同一种表述，由于英语在世界范围内的广泛使用，且“Ecosystem”词简意明，故得到了更广泛的应用。此后，经过世界各国相关专家的不断努力，生态学的研究得到了迅速的发展和丰富，广泛地从生态系统的组成与结构、功能与特性、生态因子及其作用机制和生态系统调节及平衡等方面开展了大量的研究，并取得了丰硕的研究成果。生态系统理论逐渐开始被大家所了解、接受和应用，成为现代生态学的研究核心，代表人物是美国学者林德曼（R. L. Lindeman）和能量学专家奥德姆（E. P. Odum）等。

坦斯黎认为有机体与环境是相互依存、不可分割的，他强调“我们不能把生物从其特定的形成物理系统的环境中分隔开来，生态系统是自然界的基本单位，它们有各种不同的属性”。因此，生态系统由生命成分和非生命成分所构成，其中生命成分从微观到宏观是由生物个体、种群、群落或几个群落所组成，无生命的部分是由生物周边环境中所有物质、能量和信息所组成，即与生物相关的整个环境的集合。本书也是基于生态学的核心内容，并结合本书所涉及的有关知识，仅从这几个方面简单地介绍自然生态系统基础理论。

2.1.2.1 生态系统的组成

自然生态系统的成分主要由生命成分和非生命成分两大类构成。其中，非生命类可分为无机物质、有机化合物、气候因素。生命类可分为生产者、消费者、分解者。

（1）无机物质。包括处于生态系统物质循环中的各种无机物质，如氧、氮、二氧化碳、水和各种无机盐等。

（2）有机化合物。主要包括蛋白质、糖类、脂类和腐殖质等。

（3）气候因素。主要包括光照、温度、湿度、风和降水等与生物息息相关的气候要素。

（4）生产者。主要是绿色植物、蓝绿藻和部分细菌。

（5）消费者。即异养生物，主要指以其他生物为食的各种动物。

（6）分解者。也是一种异养生物，又称小型消费者，包括细菌、真菌、放线菌和原生动物等。它们能把生态系统中动物、植物的尸体、残体和排泄物分解为简单的无机物归还到环境中，重新提供给生产者利用。分解者在整体生态系统中有十分重要的作用。

综上所述，在一个完整的生态系统中，各类生命生物通过营养能量上的关系彼此相互依存、相互制约，从而构成了生态系统“食物链”。但许多生物的食物来源并不是单一的，即一种生物常常不只是以某一种生物为固定食物来源，其食物来源往往是多样化的，因此食物链又相互交叉连接，进一步构成了更为复杂多样的生态系统“食物网”。

这里生命成分的划分是以功能为依据的，而无分类的概念。自然生态系统的三大功能类群，通过物质循环和能量流动来维持生态系统的动态平衡。由此可见，不同的生态系统，其组成组分及结构也是不尽相同的。目前，地球上的生态系统类型多种多样，分布在不同的地理区域，组成成分及结构、形态特征、功能特性也各不相同。在自然生态系统中，每一类型都有一定的初级生产者为主要特征，而绿色植物往往是典型的初级生产者，因此生态系统类型的划分主要依据绿色植物。但人工生态系统的情况则不同于自然生态系统，其往往具有特殊性和异质性，特别是城市生态系统，这种特殊性的人工生态系统需要重新认识和定义，包括它的生命成分部分和非生命成分部分。

2.1.2.2 生态系统的结构

生态系统的结构主要指构成生态诸要素时空分布和量比关系，及其内部能量、物质、信息流的途径与传递关系，包括形态和营养关系两方面的内容。在生态系统中生物种类、种群数量、物种的空间配置（包括水平分布和垂直分布）、种的时间变化（生长发育、演替更新和季节性变化）是生态系统的结构特征。

水生生态系统和陆生生态系统都有空间分化（包括垂直分化、水平分化）和成层现象。例如，植物的垂直位置取决于光的梯度，体现在地面上方不同的高度和地面之下不同的深度，植物的种类组成、个体数量、种群密度和分布层次等特征也各不相同。作为生态系统中的消费者，动物在其中的结构特征也与植物大体相同。例如，不同种类的鸟类会在森林生态系统中的不同垂直高度位置或不同水平空间上进行捕食和筑巢等活动，即它们都会在森林生态系统中各自占据一定的垂直空间或水平空间。而人工生态系统的结构也与自然生态系统相类似，在城市生态系统中，由于阶层、职业、经济收入、民族等要素的不同，往往也呈现出不同的区域空间分布格局。

生态系统的营养结构通过生态系统各组成成分之间建立起来的营养关系构建而成，它是生态系统中能量和物质流动的基础，是生态系统的重要结构特征。不同的生态系统具有不同的营养结构，是生态系统中能量流动和物质循环的基础。它们与环境之间不断地进行物质的传递、循环，生产者吸收环境中的营养物质，并在光能的作用下将其转化为化学能，再通过取食过程将营养物质传递给消费者，最后生产者和消费者再由分解者分解成无机物质归还给自然环境，再供生产者吸收利用。也就是说在生态系统中，物质是不会消失的，可以不断地被循环利用，而能量则在各营养组织间被逐级消耗，是单向流动的。即太阳能输入生态系统后，能量将沿各个营养级逐级单向向上流动，转变成其他的能量形式。而在城市生态系统中，其营养结构则不同于自然生态系统，往往都有人工改造或加工的痕迹，是一种人工所构成的营养结构，需要人工辅助才能完成生态系统的物质循环与能量流动。

2.1.2.3 生态系统的功能

生态系统功能包括生物生产、物质循环、能量流动和信息传递，它们是生态系统各种功效或作用的体现，主要通过生态系统中的生物群落来实现。

其中，生物生产作为生态系统的基本功能之一，是生态系统能够正常运转的首要基础。生物生产是把太阳能转化成化学能，生产出的有机物再经过动物的生命活动进而转化为动物能。可见，此过程包含了两种生产，即植物性生产和动物性生产。这两种生产之间存在非常复杂的关系，既彼此关联又各自独立。

物质循环是生态系统中无机化合物和单质通过食物链各营养级的转移和转化。物质循环和能量流动不同，它不是单方向性的，不会损耗消失，而是不断循环的，只是从一种形式转化为另一种形式。在生态系统中，相同的物质可以在食物链的相同营养级别内被使用一次或多次，有机物质经分解者分解后又以无机物形式返回到环境中，可被生产者重复利用，并不断循环。物质循环在生态系统中普遍存在，其对生态平衡维持以及人类生存发展意义重大。

能量流动指生态系统中能量输入、传递、转化和散失的过程，在食物链和食物网中逐级传递。在生态系统中，通过能量流动的形式，生物与生物、生物与环境之间彼此密切相连。能量是单向流动的并逐级递减。

信息传递是指信息在生态系统内各生命组分之间进行流动。自然生态系统中的信息传递包括物理信息传递和化学信息传递。物理信息传递是物理过程，如动物的求偶、报警等行为就是物理信息传递。例如，鸟类在繁殖季节时，色彩鲜艳的羽毛或特异的鸣声均为求偶的信息；花的色彩也与引诱昆虫授粉有关。化学信息传递是生物将代谢过程中产生的化学物质作为传递信息物质，这类化学物质称为信息素。例如，动物可利用信息素作为个体间和种间识别信号。如狼、狗、猫把排尿地点作为交流信息的“气味标记站”。有经验的猎人可以根据气味辨认不同动物的走向，从而确定追捕对象。七星瓢虫捕食棉蚜时，被捕食的蚜虫会立即释放警报信息素，于是其他蚜虫会纷纷跌落避开。此外，昆虫还普遍有性信息素，如我国高寒草甸中的主要害虫——草原毛虫，雌虫的复眼和翅均退化，藏身于草丛下，依靠释放强烈的性信息素，使空中飞翔的雄虫能准确地找到它们，以保证种群的繁衍。这种信息的联系也存在于植物与植物、植物与动物间以及动物、植物和微生物之间，是生态系统维持平衡的重要功能之一。而城市生态系统组成及结构与自然生态系统有着很大的差别，故而也体现出不同的功能。如今，随着城市的扩张发展，其物质规模和社会的范围都发生了很大的变化，城市的内部结构和功能作用也被完全转变，以使之能更好地为人类提供各种服务。未来城市也将被赋予新的任务，在这个区域物质和精神都将更加多元化、多样化，不同的地区、不同的民俗文化、不同的个人都可以充分展示各自的特点，而人类社会的发展与文明的进步也将通过这个城市载体不断地被向前推进。

2.2 城市生态学理论基础

2.2.1 城市化的概念及发展

2.2.1.1 城市化的概念

在工业革命的背景下，城市化（Urbanization）的概念最早出现在英国，现已成为世界范围内的一种历史趋势和普遍现象，并呈现出高度发展和快速推进态势。对于一个人口增长的典型城市，内部的变化主要表现为“密实化”，而在外部表现为通过占用农业用地和自然用地来实现扩张。城市化即城镇化或都市化，是由传统乡村社会向现代城市社会转变的过程，包括人口、产业结构、职业行为、空间地理及土地利用方式等方面的转变。总之，城市化过程是一个非常复杂的演变过程，既有农业人口向城市人口转化的过程，又有社会经济发展、生产方式、土地利用方式、生态环境特征与区域空间形态等多方面的转变过程。因此，不同的学科基于研究的侧重点和视角不同，相应给出的城市化的定义也不尽相同。

（1）社会学。主要强调人们生活方式的转变，认为城市化过程是人们文化和行为转变的历程。随着城市化的推进和乡村人口开始向城市转移，其生活方式也会随之发生重大的改变，也是人类社会生活方式和社会结构的变迁历程。在这一转变过程中，传统体制被打破、摒弃，新的社会体制随之被建立，相应的人类行为模式、家庭结构、社会结构及生产方式、特征等都将受到深刻的影响。

（2）人口学。认为城市化主要指农业人口向非农业人口转化并在城市集中的过程。体现在农村人口大量涌入城市，城市人口数量大幅增加，居民的生活方式也从乡村方式转变为城市方式，劳动力由第一产业向第二、第三产业转移。这一过程有两种表现形式：一是城镇数量的增加；二是城市人口规模的不断增多。公元前 4 世纪，柏拉图曾经指出，一个城市的适宜人口应该控制在 5 万。到了 20 世纪后期，Lynch（1981）指出一个城市的人口规模应该在 2.5 万~25 万。而如今，人口超过 100 万、1000 万的大城市、特大城市已经非常普遍。可见在城市化进程中，人口学也在不断发展、适应。

（3）经济学。城市化主要体现在产业的转化上，认为城市与乡村的最大区别在于产业上以非农产业为主，主要是第二产业和第三产业，而人口向城市涌入也是顺应了产业结构转变的需求。因此城市化的过程是由于技术进步、生产专门化对人口的需求，促使人口从第一产业向第二、第三产业转移的过程，逐渐形成了人口集聚效应。在经济学范畴，城市化是与区域经济增长和产业结构由农业向非农业的转换息息相关的，代表着一个国家或地区的经济发展水平，也是其提高经济效益的主要形式。

（4）空间形态与景观。即城市景观和乡村景观之间的相互转换，景观空间格局不断演变。从景观学的视角，可以把城市区域看作一个基底（本底）—斑块—廊道模型。

景观生态学中的斑块是景观格局的基本组成单元，是指镶嵌于本底之上的、不同于周边基底的、相对均质的非线性区域。在自然界中各种等级系统的斑块化是普遍存在的，即它反映出了相似性或差异性在系统内部和系统之间是普遍存在的。不同的斑块具有不同的外在形态与结构特征，如斑块的面积、形状、边界特性以及彼此的距离等，从而形成了各种各样的生态带，构成了不同的生态系统；廊道是指不同于周边本底的狭长景观要素，往往呈线状或带状结构，起通道或阻隔的相反作用，一般可分为线状廊道、带状廊道和河流廊道；基底是基底（本底）—斑块—廊道模式理论的主要背景单元，是景观中分布最广、连接性最好的景观要素类型，其在景观中占绝对主导地位。斑块—廊道—基质模型是景观生态学用来解释景观结构的基本模式，在各类景观中普遍适用，森林、农田、草场、沙漠、戈壁、郊区和城市景观等（Forman 和 Godron，1995a）。

综上所述，无论是从哪个学科对城市化进行定义，都有一致性的统一，即城市化具有的主要标志是：①空间形态上城市规模的扩大。②数量上城市区域人口增加。③经济上农业向工业、服务业转变。④质量上居民生活方式由乡村方式转变为城市生活方式。

2.2.1.2 城市化的发展

城市发展的历史是人类社会变迁、文明进步的历史，也是政治经济和文化科学发展的历史。城市发展是在人类不断需求的推动下，利用科学文化技术手段，通过人类有意识的劳动创造，不断对自己的居住环境和活动空间进行改造，主动或被动地对城市进行建设的历程。由于城市是一个由许多要素构成的复杂系统，因此随着诸要素的不断变化发展，人们改造、影响自然的行为从未停止，城市的外貌形态和景观格局也是不断变化发展的，从而推进城市化进程不断向前发展。

从城市化进程来看，城市发展历史与三次社会大分工及私有制的产生有关，大体可以分为早期城市化、近代城市化和现代城市化三个阶段。

（1）早期城市化阶段。这一时期主要是指工业革命以前。它又可以分为两个时期：第一个时期是指从城市的产生到封建时代的开始，称为古代城市。这一时期随着生产和生活方式的改变，人类逐渐形成了以原始群居为特点的固定居民点，这使人类进入了农业的初级阶段。此后，随着生产的发展需求，劳动工具开始被发明使用，使得生产效率进一步提高，产品数量开始增加甚至有了剩余，于是人们开始进行劳动产品的交换，即人类社会出现了第二次社会大分工，商业和手工业开始分离。这进一步促使居民点随之分化，乡村和城市的区别变得显著，乡村以农业活动为主，城市以商业、手工业活动为主。这一时期的城市规模与现在相比是很小的，城市组成结构也比较简单，生产水平较低，经济基础也很薄弱，生产活动主要以手工业为主，产品交换量小，商业活动不发达。这一时期，城市的主要职能体现在当权政府的统治维护、军事管理与宗教传播等。进入封建社会直至其灭亡，这一时期是早期城市化的第二个时期，称为中古城市或中世纪城市。例如，在我国，随着火药、指南针、印刷术和纸张等的伟大发明，城市间的交流合作更加便捷频繁，城市生产力得到了进一步提高，城市的组成结构不断改变、完善，居民的生产、生活方式也随之发生改变，城市规模也有了进一步的扩张，城市作为政治、贸易、经济及文化中心的职能得以巩固。

在城市形成的初期，其发展速度非常缓慢，这种状态大约持续了几千年。虽然也出现过人口超过百万的大城市，如古罗马、古巴比伦等，但城市规模都不大。例如，在公元 5 世纪，雅典是一个大约拥有 15 万人的城市，但根据当时具有代表性的城市规划思想，认为受到城市卫生条件、食品与水源的供应等因素的限制，一个理想城市的居民数量不应超过 1 万人。13 世纪的欧洲城市的居民数量大多少于 1 万人，很少有城市超过 5 万人，这主要是由于城市的基础设施、社会经济发展水平以及环境容量等因素的限制，而不是人为规划的结果，城市人口占总人口的比重很小，城市化水平低；这一时期的城市也主要分布在河流沿岸地带，主要是因为这一区域灌溉发达、地势平坦、有利于农业生产、交通便利和便于产品交换，且城市的规模一般较小，功能区划分不明显，建筑物和人口非常集中，密度都非常高。

全球的城市人口在总人口中所占的比例很小，城市化水平很低。直到1800年，全球城市人口总数大约有2930万，仅占世界总人口的3%左右。而且规模在10万人以上城市中的人口占全球总人口的比例非常低，只有1.7%；而规模在2万人以上的城市中的人口占全球总人口的比例同样很低，也仅有2.4%。

（2）近代城市化阶段。18世纪中期，资本主义社会进入了产业革命时期。工业飞速发展，劳动分工细化，专门化职业增多，社会生产力得到大幅度提高，促进了城市化的迅速发展，同时对资源和环境的消耗也越来越大。

近代工业生产技术的变革，要求各种生产手段集中在工厂里，结束了居住和生产“在一个屋檐下”的时代。庞大集中的工业，加剧了对环境，特别是大气环境和水体环境的污染。另外，近代的工业生产，逐步地将城市工作人员的居住区域和工作区域分离，“上下班”这一新的生活方式随之出现。城市将生产活动高度集中，这使得城市需要更加发达的交通去输送原料和产品，大量的马路、铁路和运河等交通线路开始被大量建造，但问题是这些交通设施往往是在原来的城市格局上进行“添加”的，没有长远的规划管理，致使各种冲突更加激化。

在这一时期，早期发展起来的资本主义国家在完成了本国的工业化之后，为了掠夺资源，便极力向外扩张，这些殖民地的中心城市成为资本主义国家政治、经济、文化渗透和侵略的前沿据点。在这种背景下，非洲、南美洲、南亚和东南亚的一些城市，以及我国的上海、天津、大连、青岛等，城市化也相应有所发展，这些城市正逐步向工业化城市过渡。但是，在这样的历史背景下，这些城市往往带有浓厚的殖民色彩。

（3）现代城市化阶段。20世纪以来，随着生产力的不断提高，一系列的科技革命应运而生。进入继工业现代化时期，城市的发展与转变也进入了一个崭新的历史阶段，城市的内容不断被丰富、完善。特别是在20世纪50年代至70年代初，即第二次世界大战以后，资本主义国家经济在战后发展迅速，其他国家也在经济发展上取得了很大的成就，这些都极大地推动了全球城市化的进程。第二次世界大战期间，许多国家的不少城市遭受破坏甚至毁灭，第二次世界大战以后即开始世界范围内的城市重建与恢复，并产生了城市规划学，使城市建设和城市发展逐步实现科学化、合理化，城市化进程也步入一个空前发展的阶段。

第二次世界大战后，交通、通信技术上的杰出成就，特别是汽车和计算机技术的广泛应用，使城市人口进一步增加，城市规模迅速沿水平方向四周扩展，建筑物高度不断增加和地下建筑的广泛应用也使城市在垂直方向得以扩展，使城市的结构和功能进一步强化。20 世纪中后期，城市出现了“离心流动”，人口和经济活动逐步开始向城市郊区拓展，有的逐渐形成了大型都市带，其以中心城市为核心，通过交通、经济、生活等活动将其他毗邻的内地和腹地与之联系在一起，城市规模发展达到了前所未有的水平。随着现代科学技术水平的发展，现代工业也向城市开始大量聚集，从而使整个社会的生产、物资的流通、交换的容量、信息的传递以及活动频率都被大大地提高了。因此，现代城市生产、生活的各个方面联系得更加紧密、频繁，各种物资的供应量和消耗量也不断增加。为此，现代城市为维护城市的正常运转，就必须要重点发展交通和通信设施，以提高城市系统的运转效率。与此同时，为避免城市中心区域生产的高度集中所带来的弊端，中心区域的人口和企业开始逐步向城市周边扩散，从而使得城市中心人口开始减少，郊区相应进入了城市化阶段。

20 世纪 60 年代末，人们开始认识到工业化和城市化所带来的环境问题，1971 年出版的《只有一个地球》给人类敲响了警钟，迫使人们反思工业文明，随后全球范围掀起了生态热、环保热。1987 年，前挪威首相布伦特兰夫人在世界环境与发展大会上提出了可持续发展的概念。1992 年，联合国环境与发展大会通过了《21 世纪议程》，强调了以可持续发展为核心思想的发展理念，该发展理念一直到今天都是全球广泛关注的热点问题。在城市化的相关问题上，针对城市发展过程中出现的诸多城市问题，提出了生态城市建设、城市生态规划、宜居城市、绿色城市及低碳城市等新的理念，使城市的可持续发展也在城市规划建设方面成为备受公众关注的重大课题。

目前，我国城市化的发展整体来看还是处于初期的集中阶段。自新中国成立以来，我国城市化历程大致经历了以下几个阶段：

（1）1949~1957 年，是我国城市化起步的初级阶段。在 1949 年，全国仅有 132 个城市，非农业人口 2740 万人，城市化水平只有 5.1%；到 1957 年末，我国的城市发展到了 176 个，城市非农业人口占总人口的比重有所上升，达到了 8.4%，但总体水平仍然很低。

（2）1958~1965 年，我国的城市化发展进入了一个动荡的时期。1958~1965 年，经历了“大跃进”运动，城市发展呈现出由扩大到紧缩的变化。在经历了 3 年的“大跃进”后，1957~1961 年，我国数量城市由 176 个增加到了 208 个；城市人口由 5412 万增长到 6906 万，增长了 28%；城市非农业人口所占比重上升幅度不大，由 8.4%上升到了 10.5%。

（3）1966~1978 年，我国的城市化发展几乎处于停滞状态。在这期间，全国只增加了 25 个城市，城市化水平基本维持不变，始终保持在 8.5%左右。

（4）1979 年至今，我国城市化进入了稳定快速发展阶段。随着改革开放政策的实施，我国的社会经济发展进入了一个崭新的历史时期，城市化发展也进入了稳定、飞速发展的通道。1997 年，我国城市数量已达到 668 个，比 1979 年新增了 452 个城市，增加趋势十分明显。城市人口数量开始大幅度增加，城市化水平有了较大的提高，增长了 18%。

2.2.2 城市生态学的形成与发展

2.2.2.1 城市生态学的概念

科学源自于人类的社会生产实践，其任务是发现规律，而城市生态学的形成与发展也是人类探索规律的过程，也与人类在社会生产实践和对客观事物的认识了解过程息息相关。20 世纪六七十年代以来，生态环境问题伴随着社会经济的快速发展而不断加剧，城市生态学应运而生，其为城市研究及应对环境和生态问题的挑战提供了崭新的视角、理论、方法与调控对策。

城市生态学是 20 世纪 70 年代兴起的一门新兴科学，是在传统的生态学基础上演变而来的，它是一门研究城市生态系统的组成、结构、功能、演化规律与调控对策的应用生态学分支学科。它以城市中的人与环境之间的关系及调控机理和对策为重点，强调理论与实践相结合。因此，城市生态学是一门研究城市主体（居民）与城市客体（生态环境）之间相互关系及调控对策的一门学科，也是城市科学的重要分支学科之一。由于它的综合性、战略性、学科交叉性和理论与实践相结合的特点，得到了世界上越来越多国家的政府、学者与普通公众的关注与重视，并与许多学科不断交叉渗透而成为学术热点，从而得以迅速发展。

目前，对于这个学科的概念甚至研究对象都存在不同的见解，这是许多新学科发展过程中常见的现象，城市生态学的概念有一个不断深化与完善的过程。许多专家学者从不同学科、不同视角、不同方法来定义城市生态学，但他们都是将生态学与城市学交叉融合，用生态学的原理与方法来对城市进行研究，由此产生了许多交叉学科，相关的研究内容与成果也越来越丰富。但也与一些专家学者持不同意见，如 McIntyre（2000）认为，城市与生态是相互对立的，甚至是水火不相容的。生态学中还有一种常见的观点，认为城市和人类组分都是“坏的”，即对自然和生态条件有负面的影响。

Richard T. T. Forman（2017）在《城市生态学——城市之科学》中指出：“城市生态学是研究人类聚集区内的生物、人工结构和物理环境之间的相互作用的科学。”“整合以往研究议题是城市生态学的核心。具体而言，城市区域是各种空间格局的镶嵌体。生物、建筑结构和物理环境相互作用，能量和物质在镶嵌体间的流动转移，构成了一个动态的系统。城市区域随着时间推移发生巨大的变化。城市生态学理论和原理将对社会具有实践意义。”

综上所述，不同的专家学者从不同的视角、不同的学科，对城市生态学概念的阐述各有侧重，归纳起来可以看出城市生态学概念的形成与发展大致经历了两个阶段：在城市生态学形成初期，主要侧重于从社会学和生物学的角度来进行相关研究；在生态学形成后期，主要侧重于将城市看作一个特殊的生态系统，从系统科学的角度研究其组成、结构与功能特征，研究各要素、各子系统间的相互关系和作用机制，研究系统的调控机理及对策方法。

2.2.2.2 城市生态学的研究内容

城市生态学的研究内容主要体现在城市居民迁移及其空间格局分布特点，城市物质循环和能量流动功能及其与生态环境质量之间的相互作用，城市自然环境、社会环境及经济环境之间的关系，基于环境保护的城市规划与管理，城市自然系统的指标及其环境容量等。具体包括以下六个方面：

（1）城市生态系统结构。生态系统的结构是指系统内各组成部分的配比以及空间格局。城市生态系统是一个以城市居民为服务对象的复合生态系统，具有十分复杂的结构特征，依据结构特征和功能的差别（包括自然环境和人工环境）涉及的范围很广泛，具体的结构研究又可细分为：①城市化对生态环境的影响。如城市化及工业化发展对城市大气、土壤、水体、土地资源以及交通等方面所带来的影响，如大气污染、土壤污染、水污染、交通拥堵、土地利用不合理、噪声污染及光污染等。②城市化对城市生物的影响以及生物的反应。如城市动植物区系特点、植被结构、分布特征，植被与人体健康、污染指示植物及生物监测等。③城市化对城市居民的影响。如人口动态演变与城市发展间的相互关系；环境质量对居民的影响等。

总之，城市生态学通过对城市生态系统结构相关方面的研究，主要揭示在城市的扩张发展中城市化演变历程与环境变化之间的关系，以及城市中各种资源的利用所带来的环境影响。

（2）城市生态系统功能。城市生态系统功能主要是指城市生产和生活功能。城市中聚集了大量的产业和人口，在进行正常的生产和生活过程中势必消耗大量的物质和能量，而城市生态系统不同于自然生态系统，不能自给自足，大部分的物质和能量都要靠外部进行系统输入。城市系统中各功能的体现有着很大的差异性，而要想解决城市在发展中所面临的问题，揭示城市系统功能的作用特点和作用规律是关键。这类研究主要集中在城市物质生产、流通和循环、城市食物链和食物网、城市能源来源、类型与流动、城市信息类型及其传递方式与效率、城市人口容量与城市环境容量等。

（3）城市生态系统的动态研究。包括城市生态系统从形成到发展的演化历程，以及在此历程中的自然环境与人工环境变化的驱动机制分析。此类研究将会揭示城市生态系统的发展演化规律，可为城市规划建设、优化构建城市功能区等提供生态依据。

（4）系统生态学方面的研究。是对城市生态系统进行系统的度量、分析、评价、描述、模拟和预测等方面的研究。

（5）城市规划与管理方面的研究。以协调城市发展与环境保护为出发点，对城市的规划建设、生态评价以及管理防控等方面的研究。

（6）城市与周边生态系统（主要是乡村生态系统）之间关系的研究。包括城市生态系统与周边乡村生态系统在人口迁移、物资流动与信息交流等领域的相互关系及相互影响。在此基础上，还可以扩大研究的范围与领域，进行城市生态系统与其他系统或区域大系统之间的关系，乃至与全球区域间的关系展开研究。

2.2.2.3 城市生态学现阶段的发展趋势

城市生态学既属于生态学研究的范畴，也属于城市学研究的范畴，研究的范围非常丰富、广泛，涉及城市气候、植被、生物多样性、人口、土壤、水文、能源、废弃物管理、土地利用规划、交通、住房、基础设施、生态城市、政策及管理等领域。因此，城市生态学发展至今，不同学科背景的先驱研究者为增加我们对城市生态的理解提供了多样化的视角和重要的研究结果。这些研究者或独自或以小团队的形式，在不同规模、地理条件和文化背景的城市中开展研究。例如，M. Soule 等（1988）研究顶级捕食者对城市物种多样性的影响；A. Lvon Stulpnagel 等（1990）研究城市公园面积及其降温作用；J. Owen（1991）关注独栋住房或庭院中的生态学；M. Goded 等（1995）研究城市栖息地与动植物多样性的关系；Richard T. T. Forman 与 D. Sperling（1993）从景观学的角度对网络道路连接地块进行了研究。

现阶段的城市生态学始于 20 世纪 90 年代后期在几个温带城市开展的多学科长期研究（Grimm 等，2000；Wu，2008）：纽约、巴尔的摩、凤凰城、西雅图和墨尔本。谢菲尔德/伦敦的研究在尺度上也与上述研究类似。这些研究工作为城市生态学领域带来了学科交叉的新知识，提供了新的视角，注入了新的活力。这些工作标志着城市生态学从研究者的“单打独斗”到整体系统性研究的过渡。

1980~2010 年，出现了很多编撰的书籍也极大地推动了城市生态学的发展，同时有效地勾勒出该领域目前不断发展的核心（McDonnell，2011），如 Sukopp 等（1990，1995）、Platt 等（1994）、Breuste 等（1998）、Konijnendijk 等（2005）、Kowarik 和 Korner（2005）、Carreiro 等（2008）、Marzluff 等（2008）、McDonnell 等（2009）、Gaston（2010）、Muller 等（2010）、Niemela 等（2011）以及 Richter 和 Weiland（2012）。同时，关注城市气象（Cartland，2008；Erell 等，2011）、土壤（Craul，1992，1999；Brown 等，2000）、水体（Baker，2009）和地理（Hartshorn，1992；Pacinoe，2005）的书籍，均为城市生态学重要的研究成果。

这些著作的出现，在关键领域具有可贵的整体性和研究深度。如 O. L. Gilbert（1991）以英国城市为例，关注城市生态学的基础生态学部分。M. Alberti（2008）从规划的视角关注生态学概念，提出了很多启发性的想法。Richard T. T. Forman（2008）强调以城市区域这一包含城市运转范围的地区，作为生态分析和规划的关键单位。F. R. Adler 和 C. J. Tanner（2013）将生态学的基本概念应用到建筑环境中。Richard T. T. Forman（2017）在《城市生态学——城市之科学》中从大都市到局地样点探索城市区域，研究分析了基于城市特点发展生态学理论。

城市生态学将会为相关的人文学科提供客观的应用性和价值（Crimm 等，2000；Pickett 等，2001；Alberti 等，2003；Niemela 等，2009）。例如，工程、规划和景观设计都可以结合自身领域的需求，利用城市生态学中的相关部分以增强对城市生态的理解，并且依据多个领域的需求调整相关概念（Geddes，1914、1925；Spirn，1984；Deelstra，1998；Beatley，2000b；

Pickett 等，2001、2013；Forman，2008；Alberti，2008；Hough，2004；Musacchio，2009；Nassauer 和 Opdam，2008；Reed 和 Hilderbrand，2012）。社会科学也进行了类似的交叉工作（Pickett 等，2001；Alberti，2008；Muller 等，2010；McdDonnell，2011）。早期社会学就发现了可以与当时的生态学进行有趣的类比（Park 等，1925；Hawley，1944；Catton 和 Dunlap，1998），这一方向的后续思考保留在人类生态学这个广泛的领域（Steiner 和 Nauser，1993）。社会科学、工程学和城市生态学中其他领域的相互作用在未来还会保持着高度互动。就像景观生态学的发展一样，城市生态学也保持着包容开放的姿态，不划定学科边界，充分发挥学科交叉的优势，这将带来宝贵的高质量的理论和应用研究，并成为该领域的核心。

当今主要的城市生态学研究（Sukopp 等，1990；Nilon 和 Pais，1997；Breuase 等，1998；Grimm 等，2003、2008；Jenerette 和 Wu，2001；Vander Ree 和 McCarthy，2005；Luck 和 Wu，2002；Pickett 等，2001、2008；Forman 和 Kowarik Korner，2005；Wu，2008；Alberti，2008；McDonnell 等，2009；Lepczyk 和 Warren，2012；Richter 和 Weiland，2012）主要集中在以下几个方面：①栖息地和动植物制图及分析（集中在柏林和中欧）；②物种类型和丰富度（如柏林、墨尔本）；③城乡梯度（如墨尔本、巴尔的摩）；④模型模拟和生物地理化学循环及物质流动（如凤凰城、西雅图）；⑤复合生物物理—人类系统（如凤凰城、巴尔的摩、西雅图）；⑥城市区域空间格局、过程和变化（世界各地）。

在有关“区域梯度论”方面，有关城乡梯度的概念在推动城市生态学研究中也起到了非常重要的作用（McDonnell 和 Hahs，2008；McDonnell，2011；McDonnell 和 Pickett，1990；McDonnell 等，1993）。在 19 世纪和 20 世纪，地衣学家和植物学家对地衣和其他植物从城乡接合部到城市中心的分布趋势和特点进行了研究（Le Blanc 和 Rao，1973；Schmid，1975），现在在世界范围内，很多工作都在研究和比较生态学现象沿城乡梯度的变化。

此外，在城市生态学应用的相关研究领域，其与现代生态学最前沿、最热点的研究领域密切相关。当前，现代生态学的研究领域主要集中在生态系统的可持续发展、生物多样性保护与全球环境变化等。城市生态学作为生态科学与城市科学的交叉学科，其发展壮大也是学科发展及实践应用的需求，反过来，这样的需求也会不断地推动城市生态学的学科发展，使它的研究领域不断扩大，研究内容不断丰富，研究水平和解决实际问题的能力不断得到提升。

2.2.3 城市生态学的原理、理论与思想

2.2.3.1 城市生态学基本原理

城市生态学将城市作为研究对象，将其定义为一个特殊的、以人为中心的、人工的、不完全的、复合的生态系统。在这个系统中，人作为主体，是系统服务的对象，系统要维持自身的平衡发展，就要协调好人与自然、人与环境之间的关系。这些思想主要来源于以下几个基本原理：

（1）生态整合原理。生态整合性是指在一定的时空范围内，生态系统发育的一种最佳状态，包括系统能量的输入、可获得的物质资源以及物质生长演化历程等。因此，生态系统整合性除了包含一定地理区域内生物的、化学的及物理的特性，还包括该区域内人类社会、经济及文化的特征。生态系统整合原理是有关生态系统的组成、结构、功能及平衡状态的总体认识。在正常的环境条件下，生态系统健康就是该系统能保持自身的最佳操作点与维持良好的平衡状况，即健康的生态系统具有生态整合性。生态整合思想现已被应用到了各个领域，包括人类社会实践、经济活动、自然环境保护和基础设施建设等方面的生态整合。在城市生态系统中，其生态整合能力是在时间、空间、数量、组成、次序层面上的结构和功能的完备程度，此外，还包括城市生态系统的自组织、自适应、自调节以及自协同能力的度量。包括城市生态系统在物质环境和非物质环境层面上的统筹协调能力，如科技、产业、体制、景观和文化等，是系统整体效益最大化的体现。具体可分为以下几种类型：

1）结构整合。城市生态系统中各组成要素或子系统耦合体的等级性、差异性和多元性。

2）过程整合。物质循环、能量转换、信息传递、生态演变过程和社会经济过程的畅通及健康发展程度。

3）功能整合。城市生态系统生产、消费、分解及调整功能的效率及和谐程度。

4）方法整合。在科学技术、社会经济体制、个人与机构行为三层次上开展城市生态系统的综合评价与预测、设计与建设、规划、管理与调控。

（2）趋适开拓原理。趋适开拓是城市生态学基本原理之一，指通过开

创新的生态工程，以促进改善区域或城市生态环境质量现状为目的，在大系统中为区域或城市寻求最佳的生态位，并在维持整体生态系统平衡的前提下，不断地开拓和扩展区域或城市的生态位。该原理强调在充分考虑环境承载力、生态容量和生态适宜度的前提下，在大系统的时空范围内不断地开拓和占领系统的空余生态位，强调人改造自然的能动性和主动性，以使生态系统的潜能得到充分发挥；强化人类对生态系统未来演变趋势的调控能力，以促进生态环境的保护与建设。

（3）协调共生原理。协调共生原理指的是在生态系统中的不同组分或物种之间的互惠互利以及生态位互补，对整个大系统而言，可获得多重效益或效益最大化的原则。区域或城市作为一个复杂的人工复合生态系统，具有多介质、多样化、多层级、生态位分化等特征，其各生态组分之间以及子系统之间相互作用、相互制约，这样不仅会对区域或城市的稳定性产生影响，还会进一步影响到系统的结构组成和整体功能作用的发挥。

因此，在生态建设、规划及管理中必须要遵循协调共生的规律。协调是指在城市生态系统中，要维持各要素以及周边环境、子系统与各个部门、不同功能区与城市之间相互关系的有序、和谐和动态平衡，保持区域或城市生态环境规划与整体规划近远期目标的协调性和一致性。共生是指在城市生态系统中，要处理好环境保护与不同产业、不同部门之间互赢互利、协调合作的关系，搞好自然、社会与经济发展的关系。城市的生产与生活、市区与郊区、人类活动与环境承载能力以及城市的当前利益与长远利益、局部利益与整体利益都应统筹兼顾、协调统一。城市系统协调共生的结果将会提高资源的配置效率，降低系统的物质及能源的消耗，从而使得系统整体效益最优化。

（4）生态位原理。生态位原理最初是生态学用于研究生态系统中生物种间竞争关系的一种原理方法，主要指在某一生物群落或生态系统中，不同的物种都会占据一定的空间位置，拥有自己的角色和地位，并在群落或系统中发挥一定的功能。生态位的度量是其宽度的大小，依据该物种的适应性而确定。城市生态位（Urban Niche）则是指城市系统为居民的生存与活动所提供的生态位，反映了城市的当前现状对于人类的各种社会和经济活动的适宜程度，即城市的结构、性质、功能、地位、作用及其人口、资源、环境的优劣势。城市生态位又可进一步划分为：①生产生态位，城市经济发展水平（生产资料和信息生产及传递水平）、资源与能源丰富度（如土地、水源、原材料、人才、资金、技术、能源、基础设施等）。②生活生态位，城市的社会环境（物质、体制、精神、文化及社会服务水平等）及自然环境（环境质量优劣、生物多样性、环境舒适度及景观适宜度等）。③工作生态位，指城市系统能为居民提供的工作机会、状态、待遇及品质。总之，城市生态位就是城市系统所能满足人类生存与发展的各种条件与设施的完备程度。

（5）多样性与稳定性原理。传统生态学的观点认为，多样性导致稳定性，即生态系统的物种与结构越多样、越复杂，其自我调节和抗干扰的能力越强，就越容易保持其动态平衡。

在城市系统中，这一原理同样适用。如果土地资源具有多样性，将保证城市各类活动的有效展开和项目与产业的空间合理布局；多种多样的人力资源，可以为城市各项事业的开展提供人力资源；城市行业和产业结构的多样性，将会使社会经济稳定发展，整体经济效益稳步提升；此外，城市多样化的功能与交通方式，也会使城市的吸引力和辐射力大大增强。

（6）食物链（网）原理。食物链是指以能量和营养物质形成的各种生物之间的联系，食物网则是指生物群落中许多食物链彼此相互交错连接而成的复杂的网络状营养关系。

食物链（网）原理表明：在生态系统中，人类位于食物链的顶端，食物链前端的其他生产者及各营养级为人类提供食物来源；人类对其生存环境的不良影响，如污染物对环境的污染，也会通过食物链在各个营养级中传递，最终污染物进入人体，对人体的身体健康产生影响。

食物链（网）原理也可应用于城市生态系统中，可理解为不同的行业、企业相互之间提供生产资料，某一企业的产品可作为另一企业的生产原料，甚至是企业产品生产过程中所产生的废弃物也可能是另一企业的生产原料。这种物质材料在城市系统的各个组分之间，特别是在产业链上传递、循环，不同的行业、企业之间形成了相互影响、相互依赖以及互相制约的复杂关系。依据该原理的思想，在城市生产过程中，人类可以通过对生产各个环节的“加链”和“减链”措施来提高产业经济效益和资源利用效率，并可减轻与控制环境污染。①减链：如去除或减少产业链中效益低、利润低、污染重的链环。②加链：通过增加生产环节，将一些不能被直接利用，但可以被循环再利用的物质、资源转化为新的产品，提高资源利用效率。

（7）生态承载力原理。生态承载力是指在对人类的生存与发展不产生不利影响的前提下，生态系统所能承受的人类生产生活活动和社会作用压力的最大容量。具体体现在可承载的速率、强度和规模上，这三方面的限制是生态系统自身抗干扰能力和自我调节能力的量度。具体包括以下几个方面：

1）资源生态承载力。①自然资源承载力：水、大气、土壤、矿产以及生物等。②社会资源承载力：经济发展水平、劳动力资源、经济体制、交通设施与道路系统等。③现实承载力：在现有科学技术水平下，某一区域范围内的资源生态承载能力。④潜在承载力：随着科学技术水平的不断进步，资源的利用效率将有所提高，外部客观条件不断完善使得本区域的资源生态承载力提高。

2）技术生态承载力。区域内劳动力素质、专业技术水平与受教育程度等所能承受的人类社会作用强度。包括现实承载力与潜在承载力两种类型。

3）污染承载力。是生态系统对环境自净能力的量度。该原理的科学内涵体现在以下三个方面：①生态承载力的变化将导致生态系统结构与功能的改变，从而促使生态系统发生演替，包括正向演替（Progressive Succession）或逆向演替（Retrogressive Succession）。其中正向演替是指生态系统向结构复杂、能量利用最优、生产力效率最高的方向演化；反之为逆向演替。②在城市生态系统中，当人类的社会生产活动低于生态承载力阈值时，城市生态系统演替的方向可表现为正向；反之为逆向演替。这也促使人类在生产生活过程中，将活动的强度、范围与规模控制在生态承载力阈值内。③当城市外部环境条件发生改变时，生态承载力会相应地发生变化。

（8）区域分异原理。区域分异是指由于受到地带性因素和非地带性因素的共同影响，地球表面不同地理区域之间的相互分化以及由此产生的差异性，又称地域分异。反映这种差异的规律性就称为区域分异规律（或地域分异规律）。城市生态系统的相关研究也应遵循区域分异原理，即在进行区域规划设计、城市总体规划建设和城市功能区布局时，还应综合考虑研究区域或城市的生态要素、影响因子、功能现状、存在问题及发展趋势等。以便更好地建设区域或城市的生态功能分区，从而有利于居民的生产生活和社会经济的发展，也利用区域或城市环境容量的合理利用，实现经济效益、社会效益和环境效益的相互统一。

（9）生态平衡原理。生态平衡是指在一定时间内，生态系统中的生物和环境之间、生物各个种群之间，通过能量流动、物质循环和信息传递，使它们相互之间达到高度适应、协调和统一的状态。此时，生态系统的结构和功能将处于相对动态平衡状态。生态系统具有强大的自我调节功能，当受到外界的干扰没有超出调节的阈值时，系统可以通过自我调节恢复至初始状态。在一定的时期内，生态系统内部的生物环境和非生物环境之间的能量、物质输入与输出将会处于相对稳定状态。生态平衡的自我调节主要是通过系统的抵抗力（Resistance）、自治力（Autonomy）、恢复力（Resilience）以及内稳态机制（Homeostasis）来实现。①抵抗力：生态系统自身抵御外界干扰，维持系统结构与功能保持原有状态的能力。②恢复力：生态系统受到外界干扰以后，系统自身恢复原有状态的能力。③自治力：生态系统对于系统内部发生的各种情景进行自我控制能力。④内稳态机制：生态系统内部组织和结构的自我调节功能即调节系统功能的能力以及调节系统内各组分之间营养关系的能力。

城市生态环境的规划与建设应遵循生态平衡的原理，重视人口容量、经济环境、水体环境、土地资源、大气环境及园林绿地系统等生态要素的子系统规划设计；合理进行产业和城市园林绿地体系的布局与结构构建，并处理好与自然地貌、城市水系的协调性以及与城市不同功能区的关系，努力构建一个稳定的、健康的人工复合生态系统，维持城市系统的生态平衡。

（10）景观生态学相关研究原理。与自然界中的各类景观相比，城市地域是一种受人类活动影响最大的景观类型。从城市体系空间格局来看，其景观是由不同异质单元构成的镶嵌体，其中的道路和建筑物构成了相对均质的外观形态，但城市系统内部的人口流动、物质流动、能量流动、信息流动及货币流通等却非常活跃、频繁。此外，在不同的区域或城市，由于受到不同的社会经济发展、管理、文化和居民需求等因素的影响与约束，其组分结构与功能、格局分布特征、生态过程与其他景观类型相比，具有十分明显的特殊性与差异性。

1）景观结构与功能理论。在景观生态学中，景观要素是景观的基本单元。本底（基质）、廊道（走廊）和斑块（嵌块体）是景观要素的三种基本类型。斑块是指在外形上与周边环境（即本底）有显著区别的一片非线性空间实体；廊道是指一条线性或带状的与本底有所不同的地表区域；本底是指景观系统中范围最广、面积最大且连通性最高并且在景观功能上起优势作用的景观要素类型，是景观中斑块要素与廊道要素的环境背景。

在城市系统景观结构中，街道和街区是城市景观的主体部分，因此可以将二者看作城市景观的本底。此外，城市各个景观要素还可以依据实际情况或不同需求来进行划分，如依据不同的地域、功能甚至是行政单位等来进行景观要素的确定。在一般情况下，城市景观斑块主要是指呈连续岛状镶嵌分布的异质性地理单元，如绿地、广场、学校、医院、工厂、居民区及机关单位等；城市景观廊道按其来源可分为自然廊道和人工廊道，如河流、绿化带及道路桥梁等；城市的本底是指城市景观中占主体地位的街道和街区。

景观是一个具有时间属性的、动态演变的整体结构。它的功能主要是景观与周边区域进行系统内部的物质、能量和信息的流通与交换，以及在此影响作用下景观内部发生的各种变化、趋势和所体现出来的特性。景观结构决定着景观功能。

2）生态整体性理论与空间异质性。城市景观作为一类特殊的景观类型，其是由各景观要素有机构成的具有一定的结构和功能的复杂合成系统。在系统科学中，“整体大于部分之和”是系统的整体性特点，也是系统论的核心思想。城市景观作为一个完整的系统，也应遵循系统的生态整体性原理的基本思想。异质性是景观的根本属性，城市景观同样也是异质的。从空间分布格局来看，城市就是由各种异质单元所构成的镶嵌体，它的来源主要是人为的干扰与改变。城市景观的空间异质性主要体现在垂直的空间异质性、二维平面的空间异质性和时空耦合异质性。

3）生态网络理论。景观生态学中的生态网络由核心区、缓冲区和连接要素三部分构成，各部分由节点和廊道形成，能量流动是其形成或变化的内在动力。其中，核心区作为主要的保护区和缓冲区相连，并通过生态廊道或其他连接要素实现相互间的交叉贯通；缓冲区或维持区分布在核心区四周，主要起着生态缓冲和社会缓冲的作用，以阻止核心区受到直接的影响与破坏；连接要素依据形态特征和属性特点又可分为，景观基质、生态战略节点和线性连接要素三种。

城市景观体系中的生态网络有着至关重要的生态功能：维持城市生物多样性和景观多样性，为城市生物提供栖息场所，维持生物群落间的交流，维持城市自然生态系统的平衡与稳定，维持本土生态系统和景观的健康等。城市景观的连接度和连通性是衡量城市区域生态网络的重要指标，所以景观连接度和连通性与生态网络中的连线的数量、分布、源及节点密切相关。

4）廊道效应理论。廊道在景观中具有双重的作用：一方面将景观中的不同要素连接了起来，另一方面它又将景观的不同要素分割开来，这种特性是既统一又矛盾的，主要的区别体现在起关键作用的对象和产生的效益各不相同，如保护农田效应廊道和发展经济效应廊道。城市廊道效应主要是指在城市区域中，建成区扩张以市中心为起点沿城市交通干线呈触角式增长，即城市化区域的集散主要是沿城市的交通干线展开。一般来说，在城市景观中的廊道效应呈自市中心向外围逐渐衰减的趋势，遵循距离衰减规律，可用指数衰减函数来表示。不同廊道所产生的效应不同，效应衰减率亦不一样。在城市中，廊道对城市人口的人口空间分布和城市景观格局布局起着决定性的关键作用。

（11）可持续发展原理。1980 年，国际自然保护同盟在《世界自然资源保护大纲》提出："必须研究自然的、社会的、生态的、经济的以及利用自然资源过程中的基本关系，以确保全球的可持续发展。" 1987 年，联合国环境与发展委员会正式提出了可持续发展的概念。1992 年，世界环境与发展大会针对可持续发展的概念、内涵及重要性进行了进一步的阐明、重申，希望能引起世界各国的高度重视，并能将可持续发展的理念真正贯彻实施"既能满足当代的需要，又不危及下一代满足其发展需要能力"。

城市生态学的相关研究也应将可持续发展原理贯穿其中，要突出城市的发展不能以牺牲当前利益、牺牲后代的利益来换取短时的发展。强调在城市社会经济发展的同时，还要保护生态环境，合理利用自然资源，从长远利益出发，使人类社会能实现公平、持续的发展。

2.2.3.2 城市生态学研究理论

（1）田园城市理论。19 世纪末期，英国社会活动家 Howard E. 提出了田园城市理论，该理论主要是针对城市规划、建设及管理的设想，其与花园城市在本质上存在根本性的差异。特别是进入 20 世纪以来，田园城市理论对世界各地的许多城市规划产生了深远的影响。

Howard 认为，田园城市是一种理想城市，它同时兼具城市优势和乡村优势。1919 年，田园城市的概念被明确提出，即"田园城市是为健康、生活以及产业而设计的城市；它的规模能足以提供丰富的社会生活，但不应超过这一程度；四周要有永久性农业地带围绕，城市的土地归公众所有，由一委员会受托掌管。"

Howard 设想的田园城市主要由城市和乡村两大部分构成。乡村的田地环绕在城市的周边；城市居民可以从周边的乡村获取新鲜的农产品；在当地或更远的地方建立农产品交易市场。居民可以在田园城市中工作、活动。城市的规模必须要进行控制，突出田园城市的特色，使城市居民能够真正方便地接触到乡村自然空间。

Howard 对田园城市还进行了详细的规划说明。田园城市整体占地 6000 英亩，其中城市占地 1000 英亩，位于中心位置；其余 5000 英亩全部为农用地，位于城市周边。农业用地包括耕地、林地、果园、疗养院、农业院校、度假区等，是田园城市的关键部分，而且永远不能改作其他用途。田园城市的人口规划为 32000 人，其中城市人口为 30000 人，其余的 2000 人散居在周边乡村。若城市的居住人口超出额定标准，则要进行人口的迁移。田园城市外观为一个半径约 1240 码的圆。城市中央是公园，面积约 145 英亩，以公园为中心，向郊外辐射的 6 条主干道路，将城市分割为 6 个区域。城市外围主要是工厂、仓库及道路集中分布的区域。特别是外围的环形道路可与环状铁路支线共同构成发达便利的交通网络，使人们出行更加便利。Howard 还提出，城市的能源动力要以电力为主，为减少城市的大气污染。此外，城市产生的可循环利用的垃圾可应用于农业生产。

Howard 还设想，可以将若干个田园城市围绕某一中心城市组合起来，形成城市组群。相对而言，中心城市的规模也可以相应地增大一些，人口可以扩充为 58000 人，城市的规模也可以相应增大，不同的田园城市以及与中心城市逐渐可以通过铁路连接起来。

总之，Howard 针对当时城市规划、发展所存在问题的认识，针对性地提出了一种先驱性的规划模式；对城市布局规划、规模范围、人口密度及绿地等城市规划问题提出了一系列创新性的规划思想。田园城市理论的提出对后期城市规划思想的形成与发展起到了非常重要的启迪效应，尤其是对后来的其他一些城市规划理论的形成、发展与完善产生了深远的影响，如有机疏散理论、城乡融合设计理论及卫星城镇理论等，也为现代城市生态规划的理论思想与实践应用奠定了坚实的基础。

在 Howard 的倡导下，莱奇沃斯（Letchworth）在 1904 年建设了第一个田园城市，城市面积为 1514 公顷；1919 年，韦林（Welwyn）又建了第二个田园城市，这两个田园城市都离英国的伦敦不远。但这些田园城市并没有完全达到田园城市的标准，由于各种各样的原因，存在着各种不足。但总的来说，Howard 有关田园城市的理论和实践，对后期城市规划与建设的思想与模式的形成意义重大。

（2）有机疏散理论。芬兰建筑师 E. 沙里宁提出了关于城市发展及其布局结构的理论，其主要是为了缓解城市发展所带来的一些弊病。1942 年，沙里宁对有机疏散理论进行了系统的论述，认为日益衰败的城市需要进行彻底的演变，通过合理规划建立良好的城市结构，以利于城市健康、快速地发展。

人类是群居生物，根据这一属性，沙里宁提出了有机疏散城市结构的观点，认为这种结构在感受人类社会发展所带来的文明进步的同时，又不能脱离自然环境，有机疏散方式是一种兼顾城乡优点的城市发展方式。沙里宁认为城市是一个有机的整体，其系统内部秩序实际上与自然系统中生命物质的内部秩序是一致的。

城市有机疏散理论有两个基本原则：一方面是将个人日常活动区域进行集中布置；另一方面将个人不经常的、偶然活动的场所进行不固定的分散布置。其中，日常活动的区域应尽量集中在一定的范围内，这样可以最低限度地减少城市的交通量，并且可以减少机械化交通工具的使用率。对于距离较远的偶然活动的场所，因为分布在人口稀少、道路不发达的周边地区，可以通过速度较快的交通工具往返。总之，有机疏散理论认为，城市的这种规划布局使个人日常生活的活动以步行基本就可以满足。这种理论还认为，城市的机能、组织结构的不完善致使城市陷于瘫痪，而城市非现代交通工具的大量使用以及不合理的规划布局，都会造成城市居民在城市中穿梭时会消耗大量的时间与精力，从而导致城市交通的拥挤和堵塞，降低城市效率。

（3）城乡融合设计理论。1985 年，日本学者岸根卓郎首次提出了城乡融合设计理论，认为未来新世纪的城市规划应将城市与乡村有机结合，充分发挥各自的优势，扬长避短，从而形成一个更为广阔、高效、低耗的人类聚集区。该理论的基本思想是要建立人类活动与自然环境的信息交换场，实现新型国土规划的具体途径是以林业、农业及水产业的自然系为中心，在此基础上设置人类的主要活动场所（如居住区、学习、政府机关、文化设施及产业园区等），使人类的生产、生活与自然环境紧密相连，进而形成一个与自然完全融合、和谐的物心与丰富的城市区域。也就是说，他所提出的城乡融合设计理论是一个三维“立体规划”，其由自然、空间及人工系统共同构成，目的在于构建一个“城乡融合社会”，即在城市系统的基础上建立一个“自然—空间—人工系统”基础上的“同自然交融的社会”。而“产、官、民一体化地域系统设计”是实现这一目标的具体方法。

（4）城市生命周期理论。美国学者 L. Suazervilla 提出了城市生命周期理论，他认为城市与自然中的生物有机体一样，都有一个从出生、发育、发展直至衰落的过程。城市发展会经历不同的发展阶段，不同发展阶段的城市要素具有不同的表现形式，可作为城市形成、发展、演变的标志，这些发展阶段组成了城市生命周期。例如，当城市发展到某一阶段时，就会受到各种外界客观条件的制约，而城市为了延续自身的发展，就会通过各种方式、途径来提高城市承载力，以使其生命周期得以延续。

（5）芝加哥人类生态学理论。1916 年，美国芝加哥学派创始人帕克

（R. Park）对城市系统进行研究时，应用了生物群落学的原理和观点，并取得了丰硕的研究成果，从而为城市生态学奠定了理论基础，并在后来的实践应用中得到了不断的发展和完善。这一理论对芝加哥城的后期建设影响深远。

此后，帕克的追随者应用这一理论阐述了城市有形群体的发展形式，城市居民的分布、活动水平及形式对城市土地的价值起着决定性的作用。此外在对有形群体进行相关的研究探讨时，还引入了类似植物的侵入、群落演替与更新等概念。

19 世纪以前，芝加哥是一个只有 4000 人的美国中西部小镇。此后，由于美国的西部开拓，这个位于交通要塞的小镇在 19 世纪后期迅速崛起，到 1890 年人口已增至 100 万。经济的繁荣、人口的剧增使得城市的建筑业快速发展。特别是 1871 年 10 月 8 日发生的一场大火灾，更加剧了人们对房屋的需求。在这样的背景下，芝加哥出现了一个从业人数非常庞大的建筑师群体，后来被称作“芝加哥学派”。

“芝加哥学派”理论认为，城市中，生物对生存空间的竞争直接影响了土地资源的价值，即城市居民对城市最愿意和有价值地段的竞争，是土地利用价值高低的直接反映。这种竞争使得城市居民按其支付土地价值的能力而分化出不同的社会阶层。例如，在美国，很多城市的内城地区以少数民族为主要群体。“芝加哥学派”主要包括以下三个理论：

1）城市同心圆理论：由伯吉斯（R. Burgess）在 1925 年提出。该理论认为，城市的发展会逐步形成 5~6 个同心圆结构，这是自然竞争优势与侵入更新演替的结果。

2）扇形理论：由赫特（H. Hoyt）在 1933 年提出。该理论认为，城市从中心 CBD 区沿主要交通干道向外辐射形成星形城市，但整体形状仍是圆形。从城市中心向城郊辐射延伸形成不同的扇形辐射区，各扇形辐射区向外扩展时仍以居住区为主，其中出租住宅区极大地影响和吸引了整个城市的发展方向，从而成为推动城市发展最重要的因素。美国和加拿大的许多城市空间形成过程都符合这一理论。

3）多中心理论：由哈里斯（Harris）与厄曼（Uiman）共同提出。该理论指出，北美很多城市的土地利用开发并不是围绕着某一中心展开的，而是围绕离散的几个中心点进行扩展。城区的核心区域并不明显，有的核心区的形成是人口迁移、流动等因素所形成的，这可能主要是由于汽车的增长使人们的日常活动范围扩大、便捷了。

（6）带形城市理论。1882 年，西班牙工程师索里亚提出了带形城市

（Linear City）理论。带形城市理论主张，城市的扩张是沿一条 40 米宽的交通干道进行的，10 米宽的次干道与主干道平行。城市总用地宽为 500 米，并且为了将干道两旁的用地连接起来，城市用地应每隔 300 米铺设一条 20 米宽的横向道路，在城市用地两侧配置宽度为 100 米、布局不规则的绿地和林地，即设立一种绿地与建筑相互夹杂的城市格局，索里亚认为城市居民的生活和工作都应该回归到自然中去。

在索里亚的倡导下，马德里于 1884~1904 年规划建设了第一段带状城市，长约 5 千米，1912 年有居民 2000 人。直至今日，它的绿地面积仍然远远高于周边地区。因此，不少人认为索里亚规划的“带状城市”才能被称为真正意义上的第一代田园城市。

（7）卫星城镇理论。卫星城镇（Satellite Town）理论是在田园城市理论的基础上发展起来的。1922 年，霍华德的追随者雷蒙·恩维（R. Unwin）提出，在大城市周边规划建设一些卫星城镇，将可以对大城市的人口进行有秩序的疏散，从而缓解城市发展壮大后所引发的各种矛盾。1927 年，他提议在伦敦城郊建设环城绿带，将城市超载的人口和相应的岗位疏散到周边的卫星城镇，以控制城市的无序扩张，利用农田或绿带将母城和卫星城隔离，使它们之间保持一定的距离，同时还需建立快速便捷的交通体系将二者联系起来。

（8）绿色城市理论。绿色城市（Green City）理论最早由现代建筑运动大师法国人勒·柯布西耶（Le Corbusier）提出。他认为要以合理规划为基础，通过技术手段来改善城市空间的局限性。1930 年，他在“光明城”的规划方案里设计了一个拥有高层建筑的绿色城市：建筑物的底层是透空的结构，屋顶设计有花园，地铁从地下通过，交通道路和停车场分布在距地面 5 米的空间位置。建筑采光非常好，对“阳光热轴线”的位置处理非常恰当，空间开阔、宽敞、明亮。柯布西耶特别重视自然环境在人居环境的重要性，他认为城市应该是一座垂直高度的花园城市，人口高度密集，并且在建筑物之间可以轻松地看到树木、天空和太阳。

自 1972 年斯德哥尔摩联合国人类环境会议召开以来，欧美等西方发达国家掀起了规模空前的绿色城市运动，将城市的园林绿地景观建设、生态环境建设和保护相结合，并不断形成新的理论。

迄今为止，绿色城市运动的开展已在全世界范围内取得了重大成就。越来越多的城市开始注重城市发展与环境保护的协同，并积极应用林地和河川来架构城市的绿地系统。例如，俄罗斯莫斯科市利用城市中的水系、绿化带和交通网络来构建生态城市建设的框架；澳大利亚墨尔本市利用城市水系来构成绿地生态系统；德国科恩市利用城市林地和水系边缘地形组成呈环状的城市绿地系统；美国的芝加哥至明利波里之间建立了一个环绕“绿心”农业地区的环形城市等。

（9）设计结合自然理论。1969 年，美国著名景观生态学家麦克哈格（I. L. McHarg）提出了设计结合自然理论，在《设计结合自然》（*Design with Nature*）著作中，提出了构建城市与区域规划的生态学体系框架，认为生态规划是在对城市生态环境不产生或很少产生不利影响的条件下，对城市的土地资源进行规划利用。通过对相关案例的研究探讨，他对生态规划的工作步骤、方法运用以及绿地系统在城市与区域规划中的结构与功能体现等方面进行了较全面的研究分析。麦克哈格所建立的这种生态规划框架对后来的生态规划影响深远。该生态规划方法的具体步骤是：①确定规划目标与范围；②搜集整理规划区的自然与社会经济领域的相关资料，包括地理位置、地质条件、土壤、气候类型、生物资源、土地利用类型、人口、交通设施、自然景观以及风俗文化等，并在地图上标注出来；③依据生态规划总目标的综合分析，从以上第二步提取规划所需的相关资料；④对在生态规划中的主要成分及各类资源开发及利用的方式进行适宜度评价分析，并确定适应性等级；⑤绘制生态规划的综合适应性图。

设计结合自然理论的核心在于：依据规划区域自身的生态环境与自然资源特性，对其进行生态适宜性评价分析，从而对区域的土地利用方式与发展进行生态规划，以期使人类对自然的利用、开发及其他活动与自然环境特征、生态过程达到协调统一。麦克哈格的生态设计思想先后被美国部分高速公路绿带及田纳西河流域绿带的规划设计所采用。

（10）城市复合生态系统理论。20 世纪 80 年代初，在生态系统控制论原理与方法的基础之上，我国的专家学者（马世骏、王如松）提出了城市复合生态系统的理论和时、空、量、构及序的生态关联及调控对策，指出可持续发展问题的实质是人类的社会、经济及文化活动与自然环境间的协同发展，一起构成了自然—社会—经济复合生态系统。

复合生态系统的结构呈耦合关系，其中自然子系统由自然界中的金（矿物质和营养物）、木（植物、动物和微生物）、水（水资源和水环境）、火（能和光、大气和气候）、土（土壤、土地和景观）五类基本关系所构成，它们之间的关系被以太阳能为动力的能量流动过程和生物地球化学循环过程所主导。经济子系统主要由经济活动中的商品流和价值流所主导，由生产者、消费者、流通者、分解者和决策者五类功能实体耦合而成。社会子系统由社会活动中的体制网和信息流所主导，各种不同的功能网络彼此之间相辅相成，构成了一个复杂的、庞大的体系。通过城市系统的生态流与生态场，自然子系统、经济子系统和社会子系统形成了一定空间尺度上的耦合关系，并构成了一定的生态空间分布格局和生态秩序。

城市复合生态系统的功能具有多样性，生产功能、供给功能、循环功能以及调控功能等彼此相互影响、彼此制约，构成了错综复杂的人与自然环境关系，包括二者间的依附、适应、制约和转变的关系；人类对自然环境资源的开发利用与消费消耗关系；人类与自然环境系统间的共存、竞争和统一关系。

在城市复合生态系统中，自然和社会两种作用力共同推动了系统的发展。其中自然力源于各种形式的太阳能，其在系统中不断地迁移、转化，使得系统中的物理、化学及生物过程也随之变化。社会力主要来源于三个方面：一是经济杠杆，金钱刺激竞争；二是社会杠杆，权利诱导共生；三是文化杠杆，精神孕育自生。这三个人类社会所衍生出来的社会力彼此间相辅相成，推动了社会经济的不断发展。

（11）低碳城市理论。近年来，全球环境问题及其生态效应已经引起了各个国家、地区、国际组织和专家学者的高度重视。当前全球一半以上的人口聚集在城市区域，因此全球范围内对城市可持续发展的需求日益增长。而以往的传统城市发展模式存在很多弊端，已无法满足这个需求。例如，人类生产、生活活动中排放的温室气体所带来的负面影响和为提高生活质量而大量消耗资源能源，都是促进城市应改变传统发展模式的证明。因此，低碳城市概念及理论应运而生。

气候组织认为，在以“低排放、高能效、高效率”为标志的低碳城市中，可以通过转变城市发展模式和调整城市产业结构来实现，发展低碳经济不但不会阻碍、放慢经济的增长，反而会为经济发展提供新的增长点，增加就业岗位，提高居民生活质量，促进城市可持续发展。近些年来，低碳城市的研究逐渐展开，并开始向实践领域拓展。

低碳城市的核心就是发展低碳经济，而低碳经济的实质就是构建清洁能源结构和提高资源利用效率，核心是要进行能源技术创新。目前，我国提倡的科学发展观、转变经济增长方式、建设资源节约型和环境友好型社会就是发展低碳城市的具体指导思想。当前，全球范围内都在大力推行发展低碳城市建设，很多城市都以发展低碳城市为目标，将经济发展中的生态环境代价最小化，构筑一个人与自然和谐发展、人性舒缓包容的新型城市。

2.2.3.3　城市生态学研究思想

（1）系统思想。系统的概念源自于人类的实践活动，最早在古代的朴素哲学思想中就体现出了朴素的系统概念，但近半个世纪以来，系统的概念被广泛运用到工程技术领域，目前几乎涉及了所有的学科。

一般系统论创始人贝塔朗菲给出的系统定义为："系统是相互联系、相互作用的诸元素的综合体。"其强调了系统中各元素之间的相互关系及系统对组成元素的整合作用。即系统是相互联系、相互作用、相互依存、相辅相成的各要素和完整过程所形成的统一体，而系统思想就是要体现系统的整体性和关联性。

系统思想的产生是人类长期在劳动实践中自觉或不自觉地逐渐形成的。如《孙子兵法》认为，在战争中，军队的统帅必须要从政治、天时、地利、将士以及法制五个方面来综合考虑，全面地分析对战两军的优劣条件，扬长避短地攻克敌人。掌握了这个道理，就可以获得战争的胜利，反之就会失败。

总之，系统思想要求全面地、连贯地、灵活地看待和处理问题，而不是局部地、孤立地、呆板地看待和处理问题。系统思想作为一种科学的辩证思维工具，已经被广泛应用于各个领域，所以在城市生态学的学习和研究中，也应该把系统思想作为主要的指导思想，这将对相关的学习和研究都具有重要的作用。

（2）系统思想研究思路。系统是一个多元性统一的有机整体，当系统边界确定以后，各种流可对系统进行输入和输出。人们对它系统内部的组成部分及各部分之间关系的认知往往比较困难。相反，有的系统人们对它的内部组成部分及各部分之间关系的了解比较容易，而对其输出与输入了解甚少。因此，针对不同系统，要结合实际情况而采取适宜的研究思路。我们把研究系统的各种思路，统一称作系统研究思路，包括"黑箱""白箱"和"灰箱"三种研究思路。

1）黑箱研究思路。黑箱研究思路是指在开展研究时，人们将系统作为一个看不到内部的黑色箱子，在研究中仅仅通过系统输入与输出的特点了解该系统规律，而不去考虑系统内部的有关情况，用黑箱方法得到的对一个系统规律的认识。不通过分析生态系统内部结构和相互关系，而是依据系统整体物质流、能量流的输入和输出情况以及影响因素获得该系统的结构与功能的规律。总之，黑箱研究思路只关注系统输入和输出的相关信息，并借此来阐述系统的转化和反应特性，在此过程中完全不考虑系统内部结构。当人们难以了解系统的内部情况或者人们只需要认识系统的整体功能时，都会采用“黑箱研究思路”。中医诊断疾病是通过“望、闻、问、切”就是典型的例子。

2）白箱研究思路。与黑箱研究思路恰恰相反，白箱研究思路是对系统的各组成部分及其相互关系都有着清晰的了解，根据系统内部的结构和功能来分析系统输入与输出关系及其整体特性。

与黑箱研究方法和灰箱研究方法相比，白箱研究方法是一种更高级别的认识水平，但其难度和困难也往往最大。一方面，白箱研究思路对系统内部情况有着清晰的认识，因此在对系统进行研究时，已经对该系统有了比较全面的了解。另一方面，白箱研究思路具有已知性，因而就有更准确的预测性，这是黑箱研究思路和灰箱研究思路与之无法相比的。例如，一个加有电压的电阻系统，根据欧姆定律，当已知电阻的大小，便可以根据电压计算出能得到多大电流。因此，这样的白色系统必然具有确定的组成结构，有着明确的作用原理和物理原型。然而在实际应用中，对于一些灰色系统（如社会经济系统）来说，虽然可以确定某些影响因子，但它们往往缺少物理原型，故而很难确定全部因素，更不可能去了解和掌握各因子间的相互关系。

3）灰箱研究思路。灰箱研究思路是起源于黑箱和白箱，并介于二者之间的一种系统研究思路。很多时候，人们在对系统进行认知的具体实践中，当人们对系统的一部分信息已知，而其余部分信息未知时，采用灰箱研究思路常常能取得好的效果。例如，关于生物的生活习性、生态的系统结构与功能等，大多采用“灰箱”研究思路来进行研究。

综上所述，城市作为一个人工复合的复杂系统，涉及自然、社会及经济多领域，因此在进行城市生态学研究过程中，由于需要解决的问题也将是错综复杂的，所以不同的问题应该采用不同的思路和方法来解决，系统思路是最基本的思路和方法。在对其研究分析时，往往需要多种研究方法相结合，要因地制宜与结合实际，具体问题具体分析。

2.2.4 城市生态系统

城市生态系统作为城市生态学的研究对象，也是各种人类生态系统的主要组成部分之一，是受人类活动干扰最强烈的系统。整体来看，城市生态系统既是人类生态系统发展到一定阶段的结果，也是人作为自然系统中的一部分，是自然生态系统发展到一定阶段的产物。城市生态系统是城市与其群体的发生、发展与自然资源、环境之间相互作用的过程和规律的系统。还可以将其定义为是人类为了自身的生存与发展，在不断地适应和改造自然的过程中逐渐形成的“自然—社会—经济三者合一的人工复合系统”。因此，城市生态系统的发展既要遵循自然规律，也要遵循社会经济规律。也就是说。城市必须要在维护城市自然生态系统平衡的基础上，才能保障经济增长的生态潜力，才能为经济长远的发展和人类福利提供一个良好的生态环境基础。

2.2.4.1 城市生态系统的组成与结构

城市生态系统是具有一定的组成结构和功能特征的有机整体，是人口群居最集中的区域，具体由城市环境子系统和城市居民子系统构成，其中城市环境子系统又包含自然环境和社会环境两部分。

因为城市生态系统结构的研究出发点与方向划分不同，目前其结构主要划分为：①城市居民，包括年龄、性别、文化、家庭、职业、民族等结构。②自然环境系统，包括大气、水、土壤等非生物系统，太阳能、风能、矿产资源等资源系统，野生动植物的生物系统等。③社会环境系统，包括政治、体制、经济、法律法规、文化教育及科技等。

生态学家马世骏教授认为，城市是一个人工生态系统，是由自然、经济与社会复合而成的综合体，包含自然、经济与社会三个子系统。在城市生态系统中，这三个子系统之间是相互作用、相互影响、相互依存及相互制约的。其中，社会生态系统和经济生态系统通过生活、生产将产生的各种污染物排放到自然生态系统，对其产生了污染及破坏；同时，自然生态系统可以为经济生态系统和社会生态系统提供物质资源和生态需求；此外，经济生态系统和社会生态系统相辅相成，不可分割，前者为后者带来经济效益，后者向前者提出消费需求，促使经济发展。鉴于城市生态系统三个子系统的密切联系，要想使城市生态系统有序而稳定地发展，就必须对三个子系统进行适当的管理和监控。

总的来说，城市生态系统的结构与自然生态系统有着较大的差别。在城市生态系统中，除了具有自然系统结构外，还有以人为主体的社会、经济结构（如人口结构、产业结构、社会结构、经济结构、劳动结构等）。

（1）城市生态系统的空间结构。城市是存在于地表之上，并占有一定地理空间位置的物质形态，在城市自然要素的推动作用下，由城市绿地和人工要素共同形成的具有一定形态的空间结构（如呈同心圆、扇形辐射、多中心镶嵌、带状等结构)。城市的经济水平、地理位置、社会体制、种族组成、民俗文化以及地理条件（地形地貌、气候、土壤、水文）等因素，影响了这些空间结构的形成。如社会分配制度引起了城市自市中心向外扩散的同心圆结构的变化。

(2) 城市生态系统的人口结构。城市人口结构包括性别、年龄、文化、民族和职业等。

从生物学角度来讲，城市人口性别结构的合理比值一般为男女 100 : 105。但实际情况往往呈现出特殊性。

城市人口的职业结构反映了城市的主要职能。我国将城市人口的职业分为十大类，如工业、农业、商业、服务业等。其中第三产业所占的比例，是城市发达与否的重要标志之一。

城市人口的文化结构是指整个城市的全体劳动力中，具有专业知识或技术水平的劳动力的比重。

(3) 城市生态系统的经济结构。城市生态系统的经济结构是以资源流动为核心，主要由物资生产、信息生产、流通服务和行政管理等相关职能部门构成。物资生产部门是为社会需求提供相应的产品，包括工业、农业及建筑业；信息生产部门主要是生产和交流信息，包括教育、科技、宣传、文艺、出版等部门；流通服务部门主要有金融、商业、保险、交通、旅游、物质供应、通信、服务等部门；行政管理部门的职能主要是通过联系、协调和管理监督各个部门，以维护城市功能的正常发挥和社会的正常秩序。

(4) 城市生态系统的生物结构。城市生态系统的生物与自然生态系统有着很大的区别，其结构由以下部分组成：①城市动物：主要以人工圈养和饲养动物为主，野生动物很少。②城市植物：主要是以观赏为目的的人工植被。③城市微生物：包括真菌、细菌、病菌等。

城市生物的种类也由于人类活动的干扰而大量减少，城市生物也是城市生态系统的重要组成部分，因此城市生物的种类组成和数量变化对城市的发展非常重要。

(5) 城市生态系统的营养结构。城市生态系统食物链关系较自然系统更为简单，其营养结构呈“倒金字塔”形，城市居民一般位于营养级的顶端，是生态系统中最高级别的消费者；城市生态系统较自然系统绿色植物以及其他生物都较少，即使有也多为人工配置。

城市生态系统通常有两条食物链：一条是自然人工食物链，另一条是完全人工食物链。

(6) 城市生态系统的资源利用链结构。人类不同于其他生物，除了基本的食物需求外，还具有安全、健康、舒适、娱乐等高级消费需求，而且城市区域的居民对这些高级别的需求更加明显。城市生态系统的资源利用链结构由一条主链和一条副链共同组成：主链是各类自然资源经过初加工，生产出中间产品，或中间产品再经过深加工生产出新的产品。副链是指主链生产过程中的废弃物加以重复和综合利用。

(7) 城市生态系统的生命与环境相互作用结构。在城市生态系统中，人与环境的关系是最主要、最基本的关系。城市环境受人为影响很大，在人为的干扰、筛选下，城市系统中的自然生物种群结构单一，优势种十分明显，群落也呈现出简单化结构，生物群落空间分布格局也表现出规则化和机械化的特征，进一步可能会引起系统中其他环境要素发生改变，进而容易导致城市生态与环境问题的发生。

(8) 城市生态系统的用地结构。目前，城市用地主要分为以下几类：R，居住用地；C，公共设施用地；M，工业用地；W，仓储用地；T，对外交通用地；S，道路广场用地；U，市政公用设施用地；G，绿地；D，特殊用地；E，水域和其他用地。

2.2.4.2 城市生态系统的特点与功能

(1) 人是系统的主体。城市生态系统最主要的特点是人口的增加与密集，人类在经济再生产过程和社会活动这个城市生态的中心环节中起着决定性的作用，因此人是城市生态系统的主体，次级生产者与消费者都是人。所以，城市生态系统最突出的特点是以人口的发展为核心任务，从而在各个方面代替或限制其他生物的发展。城市生态系统中不遵循“生态学金字塔”，而呈“倒金字塔”形。

(2) 城市生态系统具有整体性和不完全性。虽然城市生态系统与自然生态系统有着诸多的不同，存在着诸多的差异，但它还是一个生态系统，故而有着系统的基本特征。即在其系统内部各个组成部分密切相连、相互影响，组成了一个不可分割的有机整体，具有整体性。当任何一个组成要素发生改变时都会对系统的平衡产生扰动，从而引起系统的调节发展，直至到达新的平衡。此外，城市生态系统的功能同自然生态系统的功能比较，有很大的区别。首先，在城市生态系统中，初级生产者已经不再为美化、绿化城市居住环境而人工种植各类植物，它们是无法作为营养物料为城市中的消费者提供充足的营养物质和能量，而是需要通过城市生态系统以外的其他生态系统对其进行物质和能量的输入。其次，自然生态系统中的分解者在城市生态系统中也无法发挥作用，城市生态系统在生产、生活中产生的各种废物，是要依靠人类通过各种环境保护与治理措施来加以分解。由此可见，城市生态系统是一个不独立、不完全的特殊生态系统。

（3）城市生态系统具有人为性、复杂性和多样性。城市生态系统是以人为主体的人工复合生态系统，具有人的聚集性和其他生物的稀缺性双重特性，其变化规律由自然规律和人类影响叠加形成，人类社会因素的影响在城市生态系统中至关重要，同时它也反过来影响人类自身，因此城市生态系统具有显著的人为性。此外，城市生态系统又是大量建筑物、道路桥梁及绿地广场等城市基础设施构成的人工环境，人类的活动及人工环境因素对城市自然环境会产生很大的影响，从而使得城市生态系统更为多元化和复杂化。

（4）城市生态系统具有开放性、依赖性和不稳定性。城市生态系统从初级生产到最终废物的分解，都与自然界的典型生态系统不同，必须要借助人类的作用，包括物质资源和能量的输入、废物排出或分解，所以城市生态系统是一个开放的、人为的和依附性很强的非自律系统。在一个正常的自然生态系统中，其组成结构及功能是完整的、协调的，在太阳能的推动下，系统内部的物质循环、能量流动和信息传递等功能就会发挥作用，从而维持自然生态系统内各类生物的生存与发展，并可以保持生物有一个良好的生态环境，使整个系统能够实现持续的良性发展（称为自律系统）。

除了人类以外，城市生态系统内部各种生命物质的数量显著不足，系统所需的大量能量与物质需要依赖其他生态系统进行人为的输入，才能维持城市生态系统的正常运转。另外，由于城市生态系统的不完整性使微生物在此几乎不起任何作用，城市中产生的各种生产及生活废物也必须依靠人为的技术手段和治理措施来处置或排放到其他生态系统，利用其自净能力进行异地分解，以消除这些废物对环境的不良影响。

（5）城市生态系统的不稳定性和脆弱性。作为一个不完全系统，城市生态系统中一般意义上的“生产者”（绿色植物）不仅数量稀少，而且其作用也发生了根本性的转变，同时分解者在城市生态系统中也非常缺乏，整个系统的营养关系出现倒置，都决定了城市生态系统是一个不稳定的特殊系统。不同于自然生态系统的植物（主要作用是为上一级的消费者提供食物），城市生态系统内的各类植被主要起防治污染和美化环境的作用。因此，城市生态系统不是一个完全“自给自足”的自律系统，要依赖其他系统才能维持。此外，由于城市系统的高强度性、高聚集性以及人为干扰等因素，产生了污染和城市的一系列物理、化学变化（如地貌改变、热岛效应及地面下沉等）从而破坏了自然系统的自我调节机制。同时，城市生态系统食物链是人为所建立的，而且链条与网络单一化，因此系统自我调节能力弱，城市生态系统各层次之间相互联系，不可分割。当系统中的任何一个环节出现了问题或缺失，而无其他的替代和补偿途径，从而导致系统失调，成为一个无序的、混乱的系统。所以，城市生态系统具有脆弱性。

1）城市生态系统的生产功能。城市生态系统的生产功能是城市生态系统具有利用区域内外自然的以及其他各类资源生产出物质产品和非物质产品的能力。可见，城市生态系统可以进行目标性生产，并可以人为地控制产量和质量，这是自然生态系统所无法实现的。城市生态系统的生产包括生物性生产和非生物性生产。

a. 生物性生产。城市的生物性初级生产主要由城市内所有绿色植物包括园林绿地（森林、草地）、果园、农田、蔬菜地、苗圃等，以及高等水生植物、藻类和具有自养能力的光合细菌完成的。城市及城市郊区所有的绿色植物生产出城市居民生活必需的粮食、蔬菜、水果以及其他农副产品等，但由于城市生产中往往是以第二、第三产业为主，第一产业所占比重很小，因此在城市中生物性生产的物质及能量无法满足城市居民的需求，必须依赖其他系统的输入。城市生态系统的生物性次级生产也就有特殊性，它是城市中以人为主的异养生物对初级生产物质的利用和再生产过程，而且生产过程是在人为控制下进行的，营养结构简单且直接。从城市行政所辖范围看，城市生态系统的生物初级生产量极其微量，根本无法满足城市生态系统的生物次级生产的需要量。所以，城市生态系统所需要的大部分生物次级生产物质也需要从城市外部人为地调入。

b. 非生物性生产。城市生态系统的非生物性生产包括物质性和非物质性两个方面，这也是城市生态系统不同于自然生态系统的主要标志之一。物质生产是指满足人类的物质生活所需的各类有形产品及服务设施，包括各类工业产品、设施产品以及服务性产品。城市所生产出来的物质性产品既可以提供给城市的居民，又可以输出到外部提供给城市区域以外的人们，这也是城市主要功能的体现。因此，城市生态系统的物质生产数量相当巨大，相应的所消耗的资源与能量也十分惊人，这对城市本身及其周边的自然环境产生了巨大的压力。城市生态系统的非物质生产是指满足人类的精神生活所需的各种文化艺术产品。如小说、诗歌、绘画、音乐、影视及戏剧等，既能满足人类的精神文化需求，又能陶冶人类的情操。

2）城市生态系统的生活功能。城市的生活功能往往代表着城市的活力与魅力，也影响到城市可持续发展的潜力与水平。随着人类社会文明的不断提升，从最初的适应生存到后来的社会发展及生活水平的不断提高，人类对生活的需求也越来越高，城市的生活功能也在不断转变。从最初基本的食物、能量和生存空间的需求，到更丰富的精神、信息和时空的需求；从崇尚高楼大厦、便捷交通到返璞归真、追求低碳生活、回归大自然的田园风光和“青山不老、碧水长流”的自然意境。现代城市居民的生活方式正在经历着一场从人工环境向恢复自然环境的全新变革。

3）城市生态系统的还原功能。城市生态系统的还原功能即系统的自然净化功能和人工调节功能，对于维持城市系统的平衡至关重要。城市生态系统是一个高度人工化的特殊系统，它的出现打破了原有的自然生态系统的平衡，产生了许多不良影响，要维持原有系统和城市系统的破坏，实现城市的可持续发展，一方面，城市要具备一定的自我调节能力，以缓冲或消除这种不良影响对系统的扰动；另一方面，城市要具备当不利影响已经产生时，如何尽快使其修复的能力。这就需要城市的还原功能来实现。

a. 自然净化功能。在正常情况下，自然环境具有自我调节的功能，可以将加入自然环境中的污染物质经过一系列物理、化学和生物生化过程，在一定的时间内修复至原状，称为自然净化功能。例如，水体、土壤、大气等都具有自净功能，可以在一定范围内能进行生态修复与恢复。在城市的生态环境保护与治理中这一功经常被利用。

b. 人工调节功能。由于城市生态系统的特殊性、脆弱性，城市的自然净化功能往往是脆弱而有限的，多数还原功能要靠人类通过以下途径去发挥和调节：①城市绿地系统规划与建设。②城市环境保护，“三废”防治与控制。③工业合理布局，设备更新改造、规划与管理的手段等。

2.3　城市生态环境与生态安全评价

2.3.1　城市生态环境

城市生态环境是城市居民与城市环境的统一体，并在其中进行物质、能量、信息的流动，它是一个不断发展的、复杂的巨系统，由各种自然的要素和人为的要素构成，包括自然环境、社会环境和经济环境。

与典型自然生态系统相比，城市生态环境在气候、水文、土壤、物种组成、种群动态和物质流方面具有独特的特点，从而产生了一些特殊的生态格局、过程、干扰和影响。城市生态系统组分中，除水、土壤、大气、生物等因素外，还有许多人工组分，如道路、广场、绿地、人工水系和建筑物等。城市生态系统的结构除了受自然环境要素的影响和控制，社会经济因素对其的影响与调控也非常显著，人类对城市系统结构与布局的人为规划，城市发展的空间格局也就被确定了。随着城市社会经济的发展变化，城市生态系统的组成、结构与功能也在相应地发生变革。

在人类的发展历程中，社会和文明的飞速发展不过百余年，特别是在第二次世界大战以后，全球范围内城市化快速发展，城市化的发展过程对人类的生产和生活产生了巨大影响。城市在自然界中只是一个区域空间，只占了整个自然界很小的一部分，但却聚集了大量的人口，人类的生活、生产活动高度密集，建立了大量的人工环境，产生了破坏城市生态环境的各类污染物，对城市区域的环境质量及生态平衡产生了不良影响，如城市热岛效应、温室效应、资源消耗、土地资源紧缺及环境污染等。

从能量流通和物质代谢视角来看，城市是生物圈表层最活跃的区域。人类活动对土地的利用直接影响、控制着城市系统的初级生产力和生物多样性。城市化改变了下垫面的性状，使地表的性质和热量平衡发生了变化，影响生物地球化学过程，改变城市微气候和空气质量。城市化增加了城市中不透水地表面积，同时影响地形和水文过程，改变水分、养分和沉积物的通量。这些变化将对城市的生态环境和生活经济发展产生不利影响，必须采取有效措施加以干预。现代城市是一个脆弱的、复杂的人工生态系统，它的结构与功能的特殊性，决定了其在生态过程发展上要消耗大量的物质与能力，如前所述，其最大特点就是人口的高度密集，而人则是系统中最主要的消费者；城市生态系统必须依赖其他系统能源与物质的大量输入，才能维持自身的发展与平衡，所以它是不完全的和开放式的系统；同时，城市中人类生产和生活中排泄的大量废物需要在其他生态系统中处理消化。城市生态系统的人口高度密集性、复杂性和开放性，导致城市发展过程中出现了一系列生态环境问题。

就城市生态环境问题而言，其实质主要体现在：一是以腹地生态系统耗竭为代价流入城市的资源，只有少数变成产品被社会所利用，而其他大部分的物质和能量往往是以废弃物的形式存在于城市环境中，导致相应的生态环境要素的质量下降；二是大规模的城市生产生活活动导致土壤板结、水体枯竭，改变了水文循环和局部气候，增大了热岛效应；三是城市经济社会的生产、生活与生态管理职能往往不成体系，而被分割成不同的条块，规划与城市发展往往不相符，以及公众生态意识低下等。

因此，如何解决城市生态环境问题，实现城市健康、持续地发展是人类当前亟须解决的关键问题之一。自然环境、经济环境及社会环境三方面协调、有序地发展即可实现城市生态环境的可持续发展。

2.3.2 城市生态安全

目前，有关城市生态安全的概念、认识等还存在分歧，但综合国际和国内上的研究成果和专家学者的共识，其中以国际应用系统分析研究所（1989）提出的生态安全概念最具代表性，为大多数专家学者所接受。这个概念强调生态安全是人的生存、健康、基本权利、生活保障来源、安乐、必要资源、社会秩序和人类适应环境变化的能力等方面不受生态破坏与环境污染等影响的保障程度，包括自然生态安全、经济生态安全和社会生态安全。此概念主要是以人类为主体和保护对象来定义生态安全，认为只有人类才有“安全”意识，所以“生态安全”也只是针对人类社会而言的。广义的生态安全反映了复合人工生态系统安全的范畴，依据范围大小依次划分为全球生态系统安全、区域生态系统安全和微观生态系统安全等几个层次。

城市生态安全的提出，首先来自人类对安全的需求，形成了精神世界的价值观念，对于支持人类生存发展的城市生态系统来说，其系统的安全稳定是基础，对于两者之间的关联与联系可以作为一种状态来进行评价。可以分析得出，城市生态安全的概念包括观念、目标、状态三个层次的属性。

目标属性：安全是一种目标，城市生态安全就是要构筑城市各个子系统间以及子系统与整体间的协同发展，以保障城市各个方面的安全。这是城市最重要的目标之一，即在追求城市社会经济发展的同时，还要注重城市的生态安全建设。

状态属性：城市生态安全是对城市状态的一种描述。在不同的社会经济背景下，城市生态安全的状态是动态变化的，通过对其进行评价分析，可以对城市生态安全的建设保障提供有利的信息，促进其进一步发展。有关城市生态安全的概念，不同的专家学者给出的表述与解释不尽相同，但在城市生态安全的内涵和外延上却达成了很多共识。

（1）生态安全指的是生态系统的安全。这里所说的生态系统是各类系统的总称，既包含自然系统也包含人工系统。

（2）生态安全是生态系统的一种存在状态。生态安全是生态系统的一种存在状态，是其在一定时期内的内在本质属性和整体功能的具体表现。生态系统的状态有“安全”与“风险”两个方面，可以说，生态安全与生态风险是对立的，二者互为反函数。生态风险是指特定生态系统中发生不确定性的事故或灾害对系统自身及其组分可能产生的作用，从而可能对生态系统结构和功能造成的损伤，具有客观性、不确定性与危害性。

（3）生态安全是相对的。安全与危险是对立的，其是一种相对的描述，没有绝对的安全。影响生态安全的因素复杂多样，且在不同的时空范围内，其影响程度也存在很大的差异。若用生态安全系数来衡量不同地区生态安全的满足程度，则该系数将可能不一样。因此，可以通过筛选相关生态因子，建立生态系统综合质量的评价体系，依据相应的评价标准对研究区域进行定量的分析研判与预测。

（4）生态安全是动态变化的。生态安全是生态系统状态表现出的一种形式，生态系统是动态变化的，因此，生态安全也会不断地随环境的变化而变化，即影响生态安全的外部因子发生改变，反馈给人类的生产、生活，导致安全程度发生变化，甚至可能导致系统状况由安全转变为不安全。

（5）人类可以对生态安全进行监测、预警、评价与调控。通过生态安全评价，可了解掌握研究区域的生态安全状况。对不安全的地区或国家，人类可以通过监测、预警和调控等措施建立生态安全保障体系，促使不安全因子向安全方向转化，不断优化、提高未来的生态安全状况。

（6）生态安全是经济、社会持续发展的前提。对一个国家或区域而言，生态安全与政治安全、国防安全、经济安全等都具有同等重要的战略地位，是其他安全的载体和基础。生态安全是民族和国家实现持续发展的基石。若一个国家或区域的生态安全阈值较低，生态风险较大，生态系统较脆弱，整个国家或区域的持续发展必然会受到影响，甚至会危及国家或区域的安全与稳定。

（7）维护生态安全需要成本。一般来讲，人类自身的活动会对生态安全产生威胁。为了解除这种不利影响，人类在不断调整自身行为的同时，还需要付出代价，需要投入大量的经济、物力与人力成本。

随着城市化的快速发展，生态安全问题已与人类的生存发展休戚相关。应用城市生态安全的原理与评价方法，揭示城市生态安全现状及存在问题，并提出相应的解决对策，这具有十分重大的理论意义及实践意义。城市生态安全是国家安全的一个重要层面，但目前相关研究还处于初期阶段，其理论体系和评价方法还不够完善和全面。

保障城市生态环境安全是生态城市建设的重要基础和核心。城市生态系统不仅包括人类及其经济组成要素，还包括生物要素和非生物要素，它是人类最大的聚集地，也是人类社会、经济与文化的重要中心。目前，地球上有一半以上的人口生活在城市地区，预计到2050年将会有3/4的人口生活在城市地区。经过30余年的工业化持续发展，我国已进入工业化中期发展阶段，城市经济实力得到了显著提升，当前应该将治理环境作为主要任务之一。在这一过程中，深入剖析城市生态环境问题特征及其成因，将有助于实现城市生态安全评价与管理。

2.3.3 城市生态环境与生态安全评价方法

城市本身就是一个自然、社会与经济的复合生态系统，因此，城市生态安全也可以理解为城市生态系统的健康与稳定，已经超越了城市建设与环境保持协调的层次，它将与人类相关的多种因素融合于一体，是一种广义生态观的体现。

随着生态安全相关研究的不断深入，目前，研究领域形成了一系列生态安全评价方法，如指标体系法、综合指数法、生态足迹法、层次分析法、景观生态格局法等，这些研究方法从不同层面考虑了人类活动对生态环境的影响、自然资源状态的改变和人类活动的状况响应。

2.3.3.1 指标体系法

指标体系是为了协调生态安全系统中各因素的关系而设计指标的组织系列，系统要素如经济、社会、资源、环境等。指标体系的核心任务是组织、构建和制定指标，这些指标可以概括系统的多个方面和各种过程。指标体系可以指导所有信息资料的收集整理，能够帮助决策者从诸多复杂的因素中提炼出关键的、有用的信息，并通过数学方法建立关联信息系列。此外，指标体系还可在信息缺失的情况下筛选出关键问题，并判定必需的数据采集。指标体系也可以搜集有关的信息资料，通过判断分析，进而强调问题的重点。因此，指标体系是指标形成和确立的基础。

（1）指标的功能。指标的功能，主要体现在以下三个方面：

1）反映功能。反映功能是指标最基本的功能，它可以描述和反映在不同的时间序列内经济、社会、人口、环境、资源等各方面生态安全的水平或状况。

2）监测预警功能。监测预警功能是反映功能的延伸，体现了反映功能的动态性。监测预警功能体现在两个方面：一是对系统本身的运行情况进行监测，如人口密度的增减、物价指数的升降、平均预期寿命的延长或缩短等；二是对政策、方案的执行情况进行监测。

3）比较功能。比较功能是指标被用来衡量两个或两个以上认识对象时的功能体现。该功能分为两类：一是横向比较，即在同一时间范围内对不同认识对象进行比较研究；二是纵向比较，即对同一对象在不同时期发展状况的比较研究。

（2）指标体系的设置。由于城市系统因素繁多、结构复杂、层次多样，各子系统间的相互关系与作用相当密切，某一要素、层次结构或子系统发生了变化都将导致整个系统发生质的改变。因此，构建的指标体系必须全面涵盖整个系统的作用范畴，这样才能真实、准确地反映出系统的整体发展动态。然而，要想达到这一目标，所建立的指标体系往往存在指标因子个数繁多、计算过程复杂及实际操作困难等问题。因此，在建立城市生态环境影响与生态安全评价指标体系时，相关的研究分析应遵循如下原则：

1）设置原则。科学性原则。指标体系必须以科学为基础，明确指标概念，具有一定的科学内涵，它可以衡量和反映区域复合系统结构和功能的现状和发展趋势。

相对完备性原则。指标体系是一个有机整体，应能够全面反映和衡量评价对象的主要发展特点和发展趋势。

简明性原则。由于生态环境影响涉及很多因素，反映系统发展特征的指标数量不可避免地很大。因此，在不影响完整性的前提下，指标的选择应尽量使指标体系简单明了，并尽可能选择具有代表性的综合指标和主要指标。

层次性原则。城市是一个复杂的巨系统，可以分解为几个子系统。因此，在描述和评价城市生态环境影响的可持续性、协调性和生态性时，应采取不同层次的不同指标，使其能够涵盖更多的信息，使评价与预测更加正确。

动态性原则。城市生态环境管理和规划既是目标也是过程。因此，指标体现也应该是动态的，静态和动态指标都应该包含在内。

相对独立性原则。同一级别的每个指标应该能够解释被评估对象的每个方面。指标间应尽可能地避免重复，尽量选择相对独立的评价指标，以提高评价的准确性和科学性。

可操作性原则。指标必须是可衡量、可对比、易量化的。在实际调查和评估中，指标数据可以通过统计数据分类、抽样调查或典型调查或直接从与研究相关的相关部门获取。

可比性原则。统计指标的可比性和数据来源的可靠性对不同评价对象的比较评价结果有决定性的影响。因此，在城市生态环境影响评价指标体系构建过程中，要特别注意这一环节。城市生态环境影响评价指标体系不应该在传统上僵化，要勇于创新，反映现代思维，特别是对于具有特殊性的地区和城市，如西部城市和资源型城市，要在与国际通用和国家现行的统计规范搞好衔接的基础上，还要与当地实际情况相结合，这样的评价结果将更加的科学、准确、适用。

总之，在选取和设定评价指标时，必须坚持科学、全面、简洁、层次、动态、独立和可操作性的统一协调。其中，科学性、全面性、层次性和动态性对生态环境影响评价指标体系的理论探讨具有十分重要的意义；简洁性、独立性和可操作性则有助于指标体系在实际评价中的推广和应用。

2）经济指标体系。在经济学研究中，存在“经济增长”和“经济发展”两个概念，有时并不严格区分这两个概念的含义而加以混用。事实上，增长与发展所包含的内容有很大的差别。增长是指增加或者提高；发展是指从小到大、从低到高、从简单到复杂、从旧到新的变化过程。

3）社会指标体系。社会与经济协调发展是当今各国共同面临的重大问题。实践证明，虽然经济是所有事业发展的前提条件，但一个国家的社会文化生活水平不仅取决于经济发展，还取决于社会结构、人口素质、文化水平、社会制度、财富分配、政治文明和思想道德等社会发展方面。只有经济发展建设与各项社会事业的共同进步才能真正推动社会文明的提升。

20 世纪 60 年代以来，世界各国就开始使用社会指标来评估和监测社会发展趋势和各种社会问题，社会指标已成为现代社会有效管理的重要手段。人们试图通过人口数量和素质变化、社会福利、文化、卫生、社会保障与社会安全等方面更全面地反映社会发展状况，并提出了很多可供选用的社会发展指标体系。例如，联合国开发计划署（UNDP）提出的“人类发展指数”，是收入、寿命和教育水平这三个基本要素的综合。

收入是通过估算实际人均 GDP 的购买力评价来衡量的；寿命指的是预期寿命；教育是根据成人识字率和小学、中学和大学入学率的加权平均数来衡量的。每年，开发计划署还对指数的计算进行部分改进，使这种方法不断改进。

中国社会科学院社会学研究所“社会发展与社会指标”研究小组还制定了衡量国家（60 项指标）、城市（53 项指标）和农村地区（49 项指标）的小康指标体系。其特点是从广度和深度来描述小康社会的整体情况，并运用数据进行操作。结果公布后，引起了社会各界的广泛关注。1993 年，中国社会科学院社会学研究所用 32 个城市小康指标评出了 24 个接近小康目标的市。

由于这一时期的指标体系研究是针对当时的经济发展、社会问题、环境问题增多等实际情况，受国外社会指标运动推动而进行的，旨在评价、描述社会发展状况，揭示、反映问题，提出对策，以促进社会问题的解决及社会的健康发展。另外，由于观念的局限和实际情况的限制，当时的指标体系研究只是或多或少地纳入了部分资源利用及环境保护方面的指标，构建指标体系时缺乏对生态安全的系统考量。

在生态安全评价中，对经济、社会发展的度量要充分体现可持续发展思想。生态安全与可持续发展都不否定经济增长，都强调经济增长的必要性，因为经济增长是提高人民生活质量、增加社会财富、促进文明进步以及增强国力的必要条件。然而，推动和实现经济增长必须保障生态安全和可持续发展，必须以自然资源为物质基础，并与环境承载能力相协调，经济和社会发展不能超过资源和环境的承载能力，需要严格控制人口增长、提高人口素质、保护环境和可持续利用资源。

4）资源指标体系。自然资源是生态系统的重要组成部分，主要包括土地资源、水资源、气候资源、生物资源和矿产资源五个方面。资源的生态安全主要体现在两个方面：一是资源供给系统的稳定性；二是资源开发利用的安全性，如毁林开荒和矿产开采所导致的植被破坏和水土流失。因此，资源指标体系包括资源存量指标体系和资源质量指标体系两大类。资源存量指标主要包括现有资源保障度、资源储量、资源储备等；资源质量指标主要包括资源对外依存度、资源利用效率、资源综合回收率等。

当前，没有一个国家或地区在资源方面能够实现自给自足，所有国家或地区都必须通过国际或国内贸易出口优势资源，进口稀缺资源，以置换和补充资源。实现资源互补是保障国家或地区生态安全的前提和必要条件。因此，仅用资源存量指标是不能充分反映一个区域实际的生态安全状况的，如沈阳市水资源总量与人均水资源都很低，但实际上沈阳市城市居民的饮用水主要来源于抚顺大伙房水库，所以不能只使用水资源存量指标（如水资源总量）来衡量沈阳市水资源安全状况，还需要使用相关资源质量指标（如城市供水能力）来共同表征区域水资源安全状况。

5）环境指标体系。环境质量目标也称为环境目标，是指基本满足区域社会经济活动和人口健康需求的环境目标；它也是在一定时期内各级政府为改善辖区（或流域）内环境质量而规定必须达到的各种环境质量指标值的总称。每个环境质量指标值就是一个具体的目标值。环境目标是一个国家、地区和城市制定环境规划、进行环境建设和管理的基本出发点和目的。环境目标值经政府部门提出后，具有行政条例的作用，经过相应的合法程序批准后，则具有法规的效能。

环境质量目标和污染物总量控制目标是环境规划所确定的两个主要目标。确定目标是环境规划的关键环节，是一项极其复杂的综合性工作。在确定其管辖范围内的环境目标时，各级政府经常要先开展环境规划工作，因此，提出的环境目标实际上是“环境规划目标”。当然，在环境规划中还包含管理工作目标、措施目标等，但这些都是保证质量目标实现而拟定的保证条件。

环境质量目标主要包括空气质量目标、水环境质量目标、噪声控制目标、景观和环境美学目标等。环境质量目标因地区或功能区域而异，通常由以下表征环境质量的一系列指标来表示。

环境承载力。环境承载力是指区域环境可以容纳的经济增长、社会发展限度和相应的污染物排放量，而不违反环境质量目标。确定环境承载力必须分析区域增长变量和约束因子之间的定量关系。其中，增长变量包括人口数量、经济活动强度和速度、生活质量及污染物排放量等；约束因子包括生态系统稳定性、生态环境质量、基础设施状况和人们对环境状况的心理承受能力等。每个约束因子的最大值和最小值通常可以通过环境监测和调查、专家咨询及社会调研等方法来设定。通过承载力研究可以确定制约增长和发展的关键因子以及合理的增长范围。环境承载力的影响因素繁多且关系复杂，如何量化各种因素和变量以确定环境中允许的污染物量是非常困难的。

环境容量。环境容量是指区域自然环境或构成要素对污染物质的容许承受量或负荷量，由静态容量和动态容量两部分构成。静态容量是指一个区域在环境质量目标确定的情况下，每个环境要素可以容纳某种污染物质的静态最大量；动态容量是指在一定时期内该区域内每个要素对这种污染物质的动态自净能力。由于自然环境本身和各个环境要素的多样性、多变性和复杂性等原因，一般很难准确地确定环境容量，但作为一个概念，定性描述仍然易于人们理解。

区域环境容量是动态变化的，是某一特定时期内平均的概念，其由单个环境要素的平均容量组成。即：

$$ECt = ECa + ECw + ECs + ECb$$

其中，ECt 为一段时间内某区域的平均环境容量；ECa 为该区域空气在该时期内的平均环境容量，ECw 为该区域水体在该时期内的平均环境容量，ECs 为该区域土壤在该时期内的平均环境容量，ECb 为该区域生物在该时期内的平均环境容量。

从理论上讲，环境容量可以通过科学方法获得，然后通过建立相关的数学模型来表达，但实际操作起来却很困难，特别是一些指标因子无法量化。在掌握大量实际监测数据的区域也可以建立输入—响应关系的黑箱模型以备用。

污染物总量控制目标。理论上，一个地区允许的污染物排放总量应控制在环境容量范围内。在污染物允许排放的总量确定后，在该区域内进行合理分配，以进一步确定该区域内每个污染源的允许排放量。允许排放的污染物总量也可以理解为接收环境（区域或水域）中允许的污染物量。

环境污染物总量控制目标主要由工业或行业污染控制目标以及区域或城市的污染控制目标构成。该目标规定了一个区域或城市中各种污染物允许排放的总量。

一般环境目标的确定是根据当地环境现状或环境规划区的功能要求，从而选择相应等级（或类别）的环境标准值。在污染严重的地区，作为改善环境质量的起步，可以先拟定比环境标准低的要求，在短期内达到后，再在下阶段达到环境质量标准的目标。

在环境质量良好的地区，当污染源达到浓度标准时，该地区的环境质量就可以达到标准要求，可实施浓度控制标准；如果环境污染严重或污染源达到排放浓度标准，环境质量仍未达标时，则必须实行总量控制，并执行排污许可证制度。总之，环境目标的确定要因地制宜，要与当地的实际情况相结合。

（3）框架模型。

1）“压力—状态—响应”（PSR）模型。目前，许多学者基于“压力—状态—响应”（PSR）模型，结合相应的数学方法对区域及城市生态安全进行评价，一般涉及层次分析法、熵值法、灰色关联度法等数学方法，该方法可以对城市区域的生态安全进行定量评价，具有很好的理论参考价值和现实指导意义。

PSR 模型主要从资源环境的压力与状态、人文环境响应等方面筛选大量的指标，采用综合指数法对区域的生态系统进行综合评价，最后获得该城市区域的生态安全状态情况。采用聚类分析方法对受影响区域生态安全的单个评价指标进行分析，并根据安全程度对相应等级进行分类。其指标系统通常由目标层、准则层、领域层和指标层构成。

许多学者对指标权重评价方法进行了相关的改进，目的是克服评价过程中的主观性和不确定性。熵权法主要根据指标的信息熵程度对每个评价指标进行加权，从而克服了多指标评价中主观判断权重的不确定性。

PSR 模型用于建立城市生态安全综合评价指标。运用熵值法对各指标进行赋值并计算指标的权重，利用时间趋势法和空间比较法评价城市生态安全状况，为研究不同时期区域生态安全的演化规律和发展趋势提供了参考。在现有国内外研究的基础上，根据 PSR 模型框架，提出了一套完整的区域生态安全水平测量指标体系和基于熵权法的综合指标评价方法，从时间尺度上研究城市生态安全，客观地对其进行定量评价和动态趋势分析。

有些学者根据区域特点，结合特殊的数学模型开展生态安全评价。如采用非线性复合模型评价区域生态安全状况。该方法主要是针对生态系统的非线性特点，引入非线性合成算子，并运用置信度准则对评估样本进行识别和排序。结果表明，非线性复合模型能够反映某些指标的突出影响，并可以克服使用最大隶属度方法进行排序的缺点。根据 PSR 概念模型，建立区域土地资源生态安全评价指标体系和评价水平标准，结合 SVM（支持向量机）理论方法，提出了一种有效的土地安全评价模型。

另外，有些学者分析了 PSR 模型的优缺点，在此基础上对模型进行了相应的延伸与拓展。如建立了自然生态系统与城市社会经济系统间的相辅相成关系，构建了自然生态系统生态安全评价指标的 SPRD 模型。在分析了以往因果链结构模型优缺点的基础上，提出了一种新的生态安全评价模型—因果网络模型 DPSRC 模型，结合地理信息系统空间分析法来研究城市生态系统安全状况。这种方法突出了人在城市生态系统中的主导作用，较好地解决了系统内部各生态指标间的相互关系，可为城市决策者提供更科学、准确的生态依据。

选择合理的计量方式和标准将指标值综合得到综合指数值。其中涉及指标权重的确定、评价标准的选择及综合计量方式的选择等，这些程序是相互关联的，共同影响评价结果的准确性。指标权重的确定方法一般采用熵值法、环比评分法、专家打分法（Delphi，德尔菲法）和层次分析法等，由于生态安全指标的选择及重要性的判定本身具有一定的主观性和模糊性，所以主观与客观相结合的层次分析法是近年来较常用的一种方法。有的学者根据问卷调查的方式确定评价指标在研究区域的重要性，提高了指标设定的针对性和评价结果的准确性。有学者将变权理论引入生态安全预警研究，利用变权对基础权重做出局部调整，使评估结果更符合生态安全预警的动态要求。但指标权重的确定往往受评价者主观意愿的影响较大，重复性较差，进而影响评价结果。

指标合计量的方式主要以统计学方法为主，逐层逐项对各指标进行加权评分是综合指数计算的主要方式。基于评价的模糊性，有的学者采用模糊评判、模糊聚类方法等得到区城城市生态安全的综合指数及安全等线。评价标准的设定与计量方法的选择经常是城市生态安全评价的关键和难点。

安全阈值的确定不但会对评价结果产生影响，还可以发挥预警控制的作用。若某些指标接近警告阈值，应及时采取相应的法律、管理、政策及经济措施来改善它们的状态。但城市生态安全评价指标安全值一般很难确定，因为其评价标准具有相对性和动态性，不同的区域或不同的时期评价标准往往不尽相同。单个指标的参考标准一般从以下几个方面确定：国家、地方、行业或国际标准、国际或国内公认值、国内外同类评价时通常采用的标准、国际或国内平均值及区域各种相关规划、计划的目标值，区域性环境背景基准，科学研究的判定标准和专家经验值等。而综合指标的标准等级确定一般采用等量分级的方式通过时间尺度或空间尺度生态安全水平的相对变化来判定生态安全的等级。

总的来说，利用指标体系法进行城市生态安全评价存在的主要问题包括：①多集中于状态研究，对安全趋势的研究较少；②整体性的研究较多，缺乏各种差异的考量；③有关现象研究较多，缺乏对本质与安全机理的研究；④理论成果较丰富，但实践指导性较差。因此，如何科学、合理地构建生态安全评价体系，并使评价结果能切合实际，更好地服务于实践仍然是今后研究的一个重点领域。

2）适宜度指数法。生态适宜度可以表征生态规划适宜程度，即在一定区域内，制定的生态规划对各种要素的影响程度，或是这些要素对规划的适应程度。城市生态适宜度评价可为城市发展现状提供基础的信息，有利于指导城市的后期建设与发展。

城市生态适宜性是衡量城市的环境与社会经济发展之间关系的一种度

量，是城市生态系统的潜在能力和现实水平的反映。它反映了城市生态系统满足城市发展的潜在能力和现实水平。评价指标体系包括目标层、系统层、指数层和代表性指标层四个基本层次。目标层是为了反映城市各个子系统间的协调度而设立的，其以城市生态适宜度作为综合指标；指数层和代表性指标层由具体的单项评价因子组成，用来反映目标层的具体内容。

2.3.3.2　环境库兹涅茨曲线

20世纪60年代，美国统计学家、经济学家西蒙斯库兹涅茨在研究经济发展和人均收入差距的关系时发现：随着人均收入的增长，人均收入的差距先扩大后缩小，在以人均收入为横轴，人均收入的差异为纵轴的二维直角坐标系中，呈现一种倒"U"形的关系，后来人们将此曲线称为库兹涅茨曲线。有学者（Panayotou，1993）进一步用实证研究证明了这种关系在环境学科中同样存在，并将之命名为环境库兹涅茨曲线（EKC假说）。此后，大批专家学者开始对环境库兹涅茨曲线进行了更广泛、更深入的相关研究。

现有的研究成果发现EKC假说有以下四种表现形式：

（1）倒"U"形关系。环境库兹涅茨曲线是倒"U"形的，意味着有拐点，通过拐点做水平轴的垂线，将曲线分为两部分，左半边是两难区间，需要经济向上发展，但环境质量会下降，需要平衡二者之间的关系；右半边是双赢区间，经济向前发展的同时，环境质量得到持续改善，这个是最理想的社会发展进程。

（2）同步关系。有研究显示环境质量指标和经济发展之间并没有呈现出倒"U"形图形关系，仅仅显现出正相关的模糊形状。

（3）"U"形图形关系。有研究观测到环境指标伴随着收入的增加往往会下降，在下降到一定的水平线之后，开始逐渐上升的情形，即环境压力与经济增长之间呈现出"U"形的图形关系。

（4）"N"形关系。有关与环境污染水平和经济增长之间呈现出"N"形关系的情形，属于"重组假说"理论所阐述的情况。

2.3.3.3　主成分分析法

主成分分析也称主分量分析，旨在利用降维的思想，将可能存在相关性的变量转换为一组线性不相关的变量。该方法将复杂因素结合到几个主要组成成分中，同时引入多方面变量，简化问题，获得更科学有效的数据信息。在研究分析实际问题时，我们必须要尽可能地综合考虑所有的影响因子，才能使结果更加全面、准确。这些影响因子一般称为指标，而在多变量统计分析中称为变量。

城市生态系统涉及自然、社会及经济领域，涉及相应的指标变量繁复多样，在诸多数据处理的实际问题中，由于数据维数高、变量多，而且这些变量间通常存在或低或高的相关性。因此，系统中庞杂的变量反映的信息难免重叠，使人们难以把握主要矛盾，给分析结果带来很大的困难。主成分分析是在维数降低概念下简化数据的一种有效方法。它可以降低高维数据，并尝试使用低维度且彼此无关的新变量来解释原始变量中包含的大部分信息。

也就是说，主成分分析的原理是通过使用正交变换将成分相关的原始随机变量转换为具有不相关成分的新变量，并将原始变量系统转换为新的正交系统，这样它就指向了样本点散布最开的正交方向，然后是多维变量系统的降维过程。原始指标的大部分信息不受主观因素的影响，具有客观性和可确定性。但这一方法没有考虑指标的实际含义，很容易出现确定的权重与实际重要性相反的情况。

主成分分析法主要针对数量多且具有一定相关性的变量，通过合理的数学变换，将原来的多个变量转换成数量较少且互不相关的综合变量。这些综合变量包含原有变量的绝大部分信息，并且按照方差大小依次递减排序。第一个综合变量的方差最大，称为第一个主成分；主成分分量由线性组合表示，综合指数包含部分或全部主成分，至少确保上述变异信息反映在综合评价结果中，评价结果科学可靠。由于该方法可以减少评价工作的工作量，并减少评价指标间的相互影响，因此，在生态评价、神经科学和计算机图形学等领域中被广泛应用。

2.3.3.4 景观生态模型

还有学者利用景观生态学指数构建生态安全评价指标，或针对土地沙漠化等生态安全核心问题构建以问题为导向的分类指标。这种景观模型评价方法主要包括景观生态安全格局法和景观空间链接法。前者可以基于生态系统结构综合评估各种潜在的生态影响类型，主要用于自然和城市评价；后者特别适合空间尺度上生态安全研究，主要集中在相对宏观的情况，不适合评价特定的工业状况。

土地生态安全是土地可持续利用的基础和核心。其目标是保持和改善土地生态系统的结构和功能，协调区域人地关系，提高土地利用的经济、社会和生态效益。在构建土地生态安全评价指标体系时，应遵循指标数据可得性、灵敏性和可量化的原则，从多方面、多层级进行指标的筛选，用熵值和物元方法构筑土地生态安全评价模型并进行评价。

城市生态安全格局是城市生态系统的关键模式。它是城市和居民不断获得综合生态系统服务的基本保障。在快速的城市化发展中，高强度的人类活动和不合理的土地利用方式给脆弱的城市生态环境带来了巨大的压力。在此宏观背景下，发展了城市生态安全格局的相关研究与实践。相关研究从景观指标体系的建立来分析人类生产生活的活动对城市生态安全的影响程度，并在评价的基础上对城市景观格局的发展提出相应的措施。

目前，该领域的研究主要基于景观生态学。分析各景观斑块的面积、数量和形状等空间特征，研究分析相邻斑块类型之间的空间相邻性，建立相应的景观格局评价指标。然后从空间格局分析生态安全，了解人类活动影响下的区域或城市生态安全状况，为该地区的生态环境保护提供科学依据。

针对区域生态安全，一些学者基于陆地表层气候—植被土壤自然复合带的区域分布规律，综合区域自然环境背景、生态系统稳定性、景观结构和外部干扰等因素，以地理信息系统和模糊数学作为支撑建立指标体系与评价方法，以反映气候和土壤的区域自然背景指数、土地覆盖类型的生态系统稳定性指数、土地覆盖类型空间结构的景观结构指数、人类活动对生态系统过度干扰的外部干扰指数，将四个指标相结合，形成区域生态安全指数；并根据一段时间内的气候和土壤等背景数据评估该地区的生态安全。从景观生态安全的角度出发，一些学者基于生态安全数字评价图，分别从生态安全等级结构和空间结构的视角，利用景观指数和半变异函数来探索区域的生态安全，以了解城市生态安全水平、空间异质性和动态变化的特征。在上述研究的基础上，依据生态安全综合评价的数值分布，研究生态安全景观的格局特征和演变规律。还有的学者结合网络分析方法构建城市生态安全评价指标，将景观生态安全指标与 PSR 模型结合，构建快速城市化区域的景观生态安全指标。

2.3.3.5 其他方法

除了指标体系方法、生态环境适宜度指数法、主成分分析法以及景观生态模型外，还有些城市生态安全评价方法，如生态足迹法、土地利用/覆盖变化（LUCC）模型、3S 技术应用等。总之，伴随着生态安全研究的逐步深入，生态安全评价由前期的定性分析向定量分析推进。定量评价可以指出生态安全的现状和水平，使研究成果更具可操作性和准确性，为未来城市的生态安全管理和可持续发展战略实施提供科学依据和指导。

2.3.4 城市生态安全调控技术

目前，对于城市这种以人类为主导的生态系统来说，其生态安全的大小在很大程度上受到人类活动等主观因素的影响，在城市建设发展时期，利用相关的原理与方法可以调控城市规划发展的方向与大小，在建设发展城市的同时，也可以保障城市生态安全。

2.3.4.1 基于景观生态安全格局的调控技术

西方发达国家较早地经历了城市化快速发展的过程，相应地也较早地面临了各种城市环境问题，为了解决城市的无序扩张和生态衰退的困扰，欧美国家先后进行了各类生态调控尝试。20 世纪 60 年代，在提高土地利用效率、降低生态风险的背景下，麦克哈格发展了经典的生态规划框架，该思想引起了土地管理者、城市规划者、决策者和自然保护主义者的广泛关注。

在景观中存在着一些关键的局部、点和位置关系组成的潜在空间模式，这种模式对维护和控制某些生态过程至关重要，这种格局被称为安全格局。近年来，我国城市生态规划实践越来越重视生态安全问题，并在全国各地开展了一系列相关研究。关文彬等（2003）认为，区域景观生态的恢复及重建是区域生态安全格局构建的关键途径，以建立一种结构合理、功能高效、关系协调的生态系统所组成的模式景观，实现生态系统健康、生态格局安全和景观服务功能持续。熊文等（2006）针对广州城乡一体化的鲜明特征，通过分析城市的生态适应性，根据景观生态原理与方法确定广州市城市景观中的“缓冲带”“廊道”“战略点”“隔离带”，构建了广州市城乡一体化景观生态安全格局。方淑波等（2005）通过生态价值评估以及社会经济驱动分析，认为生态缓冲体系的建设成为兰州市区域生态安全格局构建的关键，城市未来扩展格局的定量分析成为兰州市区域生态安全格局安全级别的判别函数。近年来，随着对城市生态调控机制认识的不断深入，人们已在实践中认识到景观生态安全格局对维护区域生态安全、协调人与自然和谐共生意义重大。

构建生态安全格局是区域协调社会、经济及环境共同发展的有效措施。特别是快速城市化地区的生态安全格局构建已被地理学、生态学、管理学及城市学等学科高度重视。

总体看来，尽管到目前为止有关城市及区域生态安全格局的理论途径和研究方法等方面取得了丰硕的研究成果，但针对不同区域的具体生态环境问题和各种尺度，基于实际土地利用分析的定性和定量相结合的景观生态安全格局研究仍较为少见，尤其是中尺度城市区域生态安全格局研究的理论基础、概念和分析方法方面，至今仍欠缺较为统一、权威并具有实际可操作性的标准。虽然目前国内外对城市生态安全调控手段及其理论实践的认识还处于初步发展阶段，但其理论及实践意义重大，对促进城市或区域的土地最优化利用和减少生态风险起着关键性的作用，生态规划和景观生态安全格局的理念已在我国被广泛应用。

2.3.4.2 城市生态系统要素调控技术

一些学者从城市生态系统的某单一要素出发进行了生态安全调控研究。例如，王家和陈文连（2003）以武汉东西湖区湖泊群为例，提出湖泊群的主要功能应转变为调节城市生态环境质量和发挥景观美学的作用，并提出了具体建议。夏振尧等（2005）在探讨传统城市内河滨水堤岸存在的弊端以及研究健康城市内河滨水堤岸应该发挥作用的基础上，以镇江古运河滨水堤岸的生态修复为例，介绍了城市内河堤岸的生态修复技术与实施办法，如植被混凝土护坡技术、植被选种等，以期发挥城市河流的综合生态功能。白世强等（2006）通过对河流健康生命内涵的阐述，分析了当前城市河道存在的问题，指出城市河道是城市生态建设的重要组成部分，提出了城市河道形态及河床、河床护坡和水体、河堤的生态修复方法等。周文华等（2005）在对北京市的生态安全状态进行评价后也提出了一系列的城市生态安全调控措施，如调整能源结构、调整产业结构、完善道路交通体系、加强扬尘污染治理和工地管理、加强水土流失治理和水源涵养林建设、优化养殖业布局、推广城市生活垃圾分类收集处理、提高固体废弃物综合利用率、加强绿色生态屏障建设以及城市环保基础设施建设等，虽然措施较多，但没有形成一个系统的城市生态安全调控方案体系和具体的可执行措施，实施性不强。杨志峰等（2007）引入生态承载力理论，结合其阈限性，揭示导致城市生态危机的生态承载力供需失衡根本原因，并针对瓶颈要素，指出城市生态调控应包含自然、功能和人文三个层面，根据具体情况采取调节供给或需求的措施进行生态调控，最终实现城市的稳定持续发展。

2.3.4.3 城市生态安全调控技术方法的问题分析

关于城市生态调控的模型有很多，如生态学的生态足迹模型、地理学的城市引力模型、控制论的系统动力学模型以及经济学的投入—产出模型等，这些研究方法分别从各自学科领域的视角，为城市生态调控提供方法学的支持。但是这些方法也有不足和局限性，首先是不同学科往往以各自的学科为出发点，缺乏多学科的交叉与融合研究；其次是应用数学和计算机软件的新方法在研究中没有得到很好的运用。基于此，郁亚娟等（2007）提出将人工智能应用于城市生态调控中，具体阐述了人工神经网络、遗传算法、专家系统、模糊逻辑等方法在城市生态调控中的应用途径。

针对城市生态调控的研究，国内外在研究内容、方法、层次、尺度及侧重点等方面也不尽相同。首先，国外注重对城市生态调控的具体细节研究，而国内研究则更注重整体性和系统性研究。其次，国外学者多从人类生态学、城市心理学等方面作为研究的出发点，而国内学者多从城市生态学、景观生态学及生态功能区等方面入手，提出城市生态调控总体性的措施。最后，国内研究的尺度与国外不同。国内城市生态调控主要是在生态省、生态市、生态县的建设过程中进行生态调控，调控的对象主要是城市。而国外往往是从宏观或微观两个相对极端的视角出发，宏观化即是大尺度、大范围的调控，如针对整个国家或地区，而微观化则相反，主要针对住宅社区、道路交通和绿地广场等小尺度。

综上所述，目前在调控方法与技术方面，城市生态安全研究仍处于初步发展阶段，已有的调控方法与技术仍然存在不完善和局限性等问题，在实施过程中操作性不强，或实施效果不明显。

第3章 西部地区城市特征与生态环境影响

我国西部地区涉及12个省（直辖市、自治区）。该区域土地面积约占全国总面积的3/4，但人口稀少，只占全国总人口的1/4；该区域是中国少数民族分布最集中的地区，除汉族以外，还有44个少数民族。

当前，伴随着社会经济的飞速发展，生态环境问题也越来越被人们高度重视。而作为人类居住和活动的最重要集中场所，城市作为一个运动着的客体，随着都市化、现代化和工业化的不断推进，其活动频率和活动强度都在随时间推移不断增加，城市的系统功能也在不断增强。人类活动对城市环境的干扰亦最集中、最频繁、最强烈，因而城市的环境问题也是最集中、最突出和最严峻，这些问题在西部地区表现得尤为突出。目前，在“丝绸之路经济带”和“西部大开发战略”建设的背景下，西部城市和城市群的发展有助于缩小东西部社会经济差距、全面建设小康社会、维护各民族安定团结，也是国防安全建设和生态文明建设的重点区域。

随着西部地区社会经济的进一步发展以及新型城镇化建设的快速推进，西北内陆城市的城市化进程亦在加快，而由于城市化引发的各种问题，也是当前或在未来城市发展中无法回避的，如何科学合理地处理好这些问题，维持城市健康稳定地发展，对于自然条件恶劣、社会经济综合水平低及基础设施条件相对落后的西部内陆城市来讲是十分值得关注与思考的问题。

3.1 城市发展趋势及特点

（1）地理位置特殊。西部地区城市多处于我国内陆边缘地带，区位条件较差，而且很多城市地处边疆地区，与其他地区距离遥远，自然条件恶劣，由于经济基础薄弱、交通运输等基础实施条件较差、市场体系发育不完全、思想观念封闭落后等因素，造成了西部地区经济增长、社会发展、文化观念等与其他地区的差距逐渐拉大，特别是与东部城市发展相比差距较大，在全国地区发展中处于边缘地位。此外，西部多以高山分割的盆地、高原和沙漠为主，非耕地资源约占总面积的96%。除四川成都平原和陕西关中地区自然状况较好外，西部大部分地区自然环境恶劣，土壤贫瘠，水资源短缺，山地灾害频发，土地生产力低下，农业发展受自然条件制约严重。

（2）城镇化速度加快。加快推进新型城镇化是当前党中央做出的重大战略部署，截至2017年底，东部、中部、西部以及东北四区域城镇化率分别为67.0%、54.3%、51.6%和62.0%，最高区域和最低区域之间的差距，由2000年的峰值23.4%下降到15.4%，由此可见，西部地区城镇化率速度加快，各区域城镇化率差距明显缩小。以内蒙古为例，其"一核多中心、一带多轴线"的城镇体系已初步形成，大中小城市和小城镇协调发展格局正在形成，呼包鄂城市群初具规模，盟市所在地中心城区迅速成长，旗县城关镇和部分中心镇实力明显提高。2017年，内蒙古常住人口城镇化率达62.0%，高于全国同期的58.5%，与1978年相比城镇化率提高了40.2%，年均增长1.03%。呼包鄂三市建成区土地面积也由1985年的175平方千米增加至577.77平方千米，城市建设扩张明显，占用了大量土地资源，生态景观格局发生了重大演变。但与其他地区80%左右的城镇化率水平相比，则差距还很大。

（3）城市规模较小、空间布局不合理。西部地区12个省（市、自治区）所辖的城市数量只有121个，占我国城市总数量的比例不足20%。一方面，西部地区城市规模小，只有重庆市的人口数量超过了1000万，大多数城市属于中等城市和小城市。西部地区的地级及地级以上城市的数量占全国的31%，而其土地面积却约占国土面积的71%，"地广城稀"现象十分显著。据研究，西部地区每万平方千米只有0.13座城市，城市密度与东部、中部和东北部相比，相差的倍数分别为6.6倍、6.4倍、3.3倍，可见西部地区城市总数少，城市密度低。另一方面，西部地区城市发展地域依赖性强。西部地区城市多依赖于矿产和石油资源，为资源型城市，社会经济发展受资源的约束及限制较大，产业结构不合理问题突出，城市转型难。

3.2 区位优势及战略地位

与东部发达地区相比，尽管西部地区城市发展在我国经济和社会的发展中处于相对落后的地位，但它们也有着特殊的区位优势和重要的战略地位。从西部地区的城镇化发展来看，它们是推动我国国土空间均衡开发、引领区域经济发展的重要增长极，是我国“西部大开发”和“丝绸之路经济带”的重要区域，在承接东部地区产业转移以及推进我国区域经济协调发展中处于重要的地位。此外，西部经济中心以及城市的发展承担着缩小东西部地区经济社会发展差距、全面建成小康社会、维护各民族安定团结，国防安全建设、生态文明建设和构筑少数民族地区生态屏障的重大责任，区位优势明显，战略地位突出。

从目前我国经济发展的整体状况来看，东部地区经济发达，而西部地区则处于相对落后的地位，因此从整体上来看，我国经济发展呈现着严重的区域发展不协调问题。党的十九大报告把“实施区域协调发展战略”作为“贯彻新发展理念，建设现代化经济体系”的重大举措之一，对促进区域协调发展做出重要部署，提出要加大对贫困地区等特殊地区的支持力度，以城市群为主体构建大中小城市和小城镇协调发展的城镇格局，支持资源型地区经济转型发展等方向明确、针对性强的政策措施。为了促进西部地区的发展，实现区域协调发展，西部地区城镇化发展就在其中占据着重要的地位。西部地区城镇化发展有利于提升西部居民的收入水平，缩小东部、西部地区之间的差距，从而促进我国区域经济的均衡发展。从人类社会的发展规律上来看，城镇化发展更有利于促进经济的发展和人们收入水平的提升，城镇化水平的提升代表着更高的经济发展水平。因此，西部地区城镇化发展有利于推进我国区域经济的协调发展。同时，我国西部地区目前城镇化水平较为不足，更多的西部地区民众选择去东部发达地区谋生，除了“民工流”还有“技术流”，为东部地区的经济建设做出了巨大的贡献，但也使得西部地区的劳动力和高科技人才大量流失，带走了“动力”留下了“包袱”。因此，西部地区的城镇化发展有利于为流动人口提供更多的发展机会，缓解我国目前大量流动人口所带来的社会问题，让流失的人口能够返回，为当地的社会经济发展做出自己的贡献，推进西部地区经济的发展，从而逐渐改善我国区域经济发展不协调的问题。

此外，西部地区的城镇化发展是承接东部地区产业转移的目标之一，一方面可有效促进西部地区的社会经济发展，另一方面也可以减轻东部地区发展的资源、人口、环境等压力，实现东西部地区的双赢。

3.3 城市生态环境问题

3.3.1 生态环境本底脆弱，生态风险较高

气候条件恶劣。西部地区地处内陆，是我国主要的干旱、半干旱分布区，同时也是全球同纬度干旱程度最高的区域之一，地形地貌特征与气候类型极其复杂，生态环境脆弱且敏感。其中西北地区以干旱、半干旱区的温带大陆性气候为主，降水少、蒸发大，荒漠化严重，土壤利用率和生产力低，植被稀疏，土地退化，生物多样性低；西南地区为湿润、半湿润的亚热带季风气候，极端气候事件发生频次和强度大，如暴雨洪涝灾害、伏旱、低温冷冻、雪灾、滑坡、泥石流等灾害频发。总之，中国西部地区生态环境脆弱、敏感，易受到气候变化的不利影响。

土地荒漠化、沙漠化严重。西部地区是我国沙漠和沙漠化土地的主要分布区，该地区土地荒漠化主要表现为西北地区的土地沙漠化和西南地区的土地石漠化。《中国荒漠化报告》显示，我国 99.6%的荒漠化土地集中在西部地区。虽然经过半个多世纪的荒漠化防治，近 10 年的荒漠化土地面积在逐年减少，总的趋势已经有所好转，但是防治任务仍然十分艰巨。其中，新疆、内蒙古、西藏、甘肃、青海是西部地区土地沙化较为严重的省份。其生态问题突出表现为土地荒漠化、水土流失和水资源时空分布不均衡。该地区海拔普遍偏高，坡度较大，水土流失严重，区域差异化特征明显，内蒙古、陕西、甘肃、宁夏、青海、新疆等干旱、半干旱区受风蚀影响为主，青藏高原、新疆天山、阿尔泰山的山区受冻融侵蚀影响为主，黄土高原、西南地区受水蚀影响为主。西北地区水资源分布少，甚至部分地区严重缺水，西南地区水资源分布多，但多在高山、峡谷地带，可利用少。总之，西部地区普遍脆弱的生态状况对其社会经济发展影响较大。

水资源匮乏，且污染严重。如内蒙古鄂尔多斯市，水资源的匮乏与经

济社会发展对水的需求增加，进一步加剧了水资源紧张的困境，水利部的相关研究表明，按照现有的水资源分配结构和利用政策，到2020年鄂尔多斯市水资源亏缺量将达到80940万立方米，在水资源严重缺乏和地下水严重破坏的现今，鄂尔多斯市将面临严重的结构性发展问题。

城市绿化覆盖率低。城市植被是城市生态系统的重要组成部分。无论城市规模的大小，较高的植被丰富度都是保障良好生态环境的根本。同自然生态系统一样，一旦城市植被遭到破坏，环境修复和保障功能就会退化或丧失，进而引发诸多的环境问题。目前，西部地区大部分城市的气候条件和植被条件较差，大部分地区的森林覆盖率和植被覆盖率都不高，大大低于全国平均水平（21.63%），如青海、新疆、宁夏、甘肃和西藏的森林覆盖率分别只有5.63%、4.24%、11.89%、11.28%和11.98%。

总之，由于西部地区城市受气候条件、地理位置以及地形地貌等因素的影响，使得该区域生态环境本底脆弱，较我国其他城市具有明显的脆弱性、复杂性、生态敏感性和异质性，往往易引致较高的区域生态风险，表现在生态安全、农业生产、林业发展、水资源、人类健康以及经济社会等方面，从而危及区域城市生态系统的安全和健康。

3.3.2 依赖于资源、受制于资源

资源是助力亦是瓶颈，特别是矿产资源。西部地区的许多城市都为资源型城市，它们往往依赖于资源，但也受制于资源。煤炭、矿石等资源从地下开采后，形成巨大的采空区，大量破坏植被，造成土壤裸露，极易导致地面塌陷和水土流失。资源开采加工过程中产生的“废水、废气、废渣”等污染物，严重破坏矿区自身的可持续生产和周边生态安全。西部这些资源富集型城市，如不充分重视资源开采、产业融合与生态环境保护的协调发展，一旦生态环境遭受严重破坏，将陷入“资源诅咒”的发展悖论，其城镇化进程不仅难以为继，甚至会出现倒退的可能。

旅游资源带来的环境承载压力。西部地区的旅游资源非常丰富，且别具多彩，与我国其他区域相比，呈现出鲜明的地域特色。西部地区地域辽阔，占全国国土面积的72%，地势起伏落差大，气候条件差异较大，地形地貌类型多样、复杂，生物资源十分丰富。此外，西部地区是我国少数民族分布的主要区域，民族文化和民俗风情绚丽多姿、富有魅力。传统文化积淀深厚，形成了极具开发价值的自然、人文旅游资源。拉萨、丽江、大理、九寨沟、呼伦贝尔、吐鲁番、喀什等旅游城市吸引了国内外大批游

客。许多旅游资源富集区在旅游业的推动下，加快地区经济社会发展，客观上提升了城镇化的质量。然而在大力发展旅游业的同时，过度开发利用的现象十分普遍，且重用轻养，旅游资源带来的环境承载压力日益严峻。

3.3.3 环境污染问题日益突出

伴随着工业化和城镇化的快速发展，西部地区的环境污染问题日益严峻。近年来，一些企业大量进驻西部地区，特别是一些“三高”行业的企业，在带动当地社会经济发展的同时，也对当地的生态环境产生了不利影响。一些地方政府为完成招商引资，发展地方经济，降低门槛，甚至为污染企业提供庇护。而一些企业片面追求经济效益，降低成本，忽视环保责任，工业肆意排放的“三废”严重污染西部地区生态环境。更有一些小企业不仅没有带动当地经济发展，反而加重当地生态环境污染。总之，西部地区“三废”污染不仅严重影响城市居民的生产生活，也将工业污染问题逐渐引向农村地区，特别是工业“三废”污染问题十分突出，加之生态环境本地脆弱，生态系统自我修复能力相对较弱，所需时间较长，使得所造成的环境问题短期内将难以修复。

一是空气污染形势严峻。汽车排放的尾气和工业企业排放的烟气等对城镇的空气造成了严重污染，光化学烟雾、雾霾天气和酸雨沉降时有发生，不仅威胁着城镇居民的身心健康，而且对社会的和谐稳定也造成了不利影响。根据环保组织《绿色和平》的报告，2016 年第一季度我国西部地区空气质量恶化，10 个污染最严重的中国城市中超过一半位于新疆。2015 年，西部地区生产总值占全国比重为 21. 05%，但其二氧化硫排放量、氮氧化物排放量、烟（粉）尘排放量占全国比重则分别为 37. 11%、29. 8%、28. 88%，分别超出生产总值比重的 16. 07%、8. 76%、7. 84%。污染物排放量过高，说明西部地区经济结构中重工业所占份额较大，特别是“三高”行业所占比重较大，因此加大了西部地区的城市环境压力，不利于城镇化的健康发展。此外，随着西部城市规模的扩张，城市建设速度加快，开挖、施工、拆迁工地数量明显增大，加之裸露地面以及城市周边生态环境的恶化等，城市扬尘污染有日益加重的趋势。2016 年，西宁市环保局发布的《西宁市大气颗粒物 PM 2. 5来源解析》报告显示，目前扬尘已为西宁市主要污染物，对于 PM2. 5 来说，风沙季的城市扬尘、土壤尘和建筑水泥尘的贡献率也高于其他季节。

二是水资源污染加剧。由于西部地区城市大多处于干旱、半干旱地带，城镇化发展面临着水资源严重匮乏的自然资源瓶颈，再加上在城镇化推进过程中，西部地区长期存在着对水资源无序利用和保护滞后的问题，加剧了水资源的短缺和水质的污染，使得这一地区要同时面临资源性缺水和水质性缺水的问题，致使城镇的饮水安全受到了极大的威胁，导致水资源的供求矛盾日渐突出，阻碍了区域经济和城镇化的持续发展，阻碍了人民生活水平的提高，并严重影响着城镇居民的身体健康。

三是“垃圾围城”愈演愈烈。由于西部地区城镇的垃圾无害化处理能力普遍有限，致使城镇生产生活中产生的工业固体废弃物、医疗废弃物、生活垃圾等无法及时地进行安全处理处置，造成了严重的环境污染，导致城镇陷入“垃圾围城”的困境，制约了城镇化的健康可持续发展。

3.3.4 城市灾害频发

城市生态系统作为一个特殊的人工复合生态系统，包括自然环境子系统和人工环境子系统，即一方面要面临自然环境所带来的灾害，另一方面还要面临人工环境所带来的影响。首先，城市生态系统所在的范围是地球表面的一个斑块，该位置所可能发生的自然灾害，城市都有可能发生。与此同时，由于人类某些活动还可能会增加自然灾害发生的频率、加剧自然灾害的危害和影响。

其次，城市的各种地下开挖工程以及矿产资源和地下水的开采，严重破坏了城市的地质结构，从而大大增加了崩塌、滑坡、地面沉降、地面塌陷、地面裂缝等地质灾害的发生频率，城市经常性的建设项目和土石工程，导致水土流失加剧，风沙尘暴危害加重；城市人群和建筑的高密度及水电供应设施交错复杂，使城市一旦发生地震等地质灾害，其损失将是同等面积的农村地震损失的成千上万倍。因此，可以说城市化加剧了地质灾害的危害程度，而且往往容易引发次生灾害，如火灾。

城市火灾危害的损失也是相当大的。一方面，城市必须花费巨大的人力、物力、财力资源用于防火，城市建筑也因为需要考虑防火要求而成本大增。另一方面，城市建筑使用大量的透光、反光、聚光材料，城市供电设施、供气设施和通信线路错综复杂，以及居民和单位大量使用电气设备，大大增加了火灾隐患；同时，城市建筑高度拥挤，加上城市内部的湍流，一旦发生火灾，其扑救难度很大，损失极其惨重。

由于城市人口高密度聚居，人际交流频繁，使城市传染病灾害不仅表现种类繁多、易感人群数量大，还表现为蔓延迅速、扩展范围广。此外，由于城市人群药物用量大，用药频率高，加上城市环境质量较差，使城市居民的机体免疫能力和抵抗能力普遍较差，感染疾病后治疗成本日益上升，治疗难度也有增大的趋势，居民生活质量下降。

城市下垫面与自然环境地面完全不同，不透水性是其主要的特点。这样的地面结构致使地面下渗减少，城市地区地表径流发生改变，从而加重了城市的洪涝灾害危害。同时，城市人口集中、交通繁忙拥挤，交通工具种类繁多，车流量大，使城市交通事故频繁发生。

3.3.5　城市居民环境健康问题突出

由于城市的大气污染、水体污染和土壤污染等都比农村地区严重得多，从而使长期居住在城市中的居民身体素质降低。城区大气中的二氧化硫、烟尘、粉尘等的含量普遍较高，居民呼吸时吸入肺内，导致城市居民呼吸道疾病的发病率远远高于乡村；汽车尾气导致的光化学烟雾则使城市居民眼病和皮肤病发生率高于乡村；城区大气中，一氧化碳浓度同样要高于乡村，从而也导致城区心血管疾病大幅度增加。无论是大气质量、饮用水质量，还是商品实物的卫生品质状况，都对居民身体起着一定的慢性毒害作用，虽然不一定急性发病，但导致抵抗能力降低，身体素质下降。此外，如沙尘天气、雾霾、酸沉降等极端天气事件加速了疾病暴发与传播、意外伤亡率增加，使人们的生命安全受到潜在威胁。

城市人口高度密集，人际交流频繁，使城区传染病容易蔓延。医院作为人们求医治病的场所，为居民身体健康起到了一定的积极作用，但由于医疗机构是患者和病源的集中场所，使医疗机构同时也成了传染病的蔓延中心，如医院内患者之间的交叉感染、医疗废弃物的扩散、医疗污水处理不当、不规范的输液输血等，都可能导致病菌传播扩散。个别低素质医药行业从业人员造成的医疗事故，以及医药行业的假冒伪劣产品，也直接危害着城区人民的身体健康，同时还易引发医患纠纷、医患关系紧张等社会问题。

随着社会和经济发展，疾病谱发生重大改变，心理健康问题、心身疾病和与心理密切相关的慢病已经成为我国重大公共卫生问题和社会问题。城市人口密集、劳动力密集、人才密集，形成了城市的就业竞争机制、商业竞争机制、行业竞争机制、成就竞争机制，激烈的竞争促进了城市的高速发展，但也带来了从业人员的压力过重和超负载工作，精神紧张、情绪压抑等心理因素，严重地影响着城市居民的心理健康。2018 年，由中华医学会健康管理学分会牵头，联合国家卫计委科学技术研究所等单位以及国内 30 余位专家和学者共同完成的《中国城镇居民心理健康白皮书》显示，当前我国城镇居民心理健康状况调查结果表明，73.6%的人处于心理亚健康状态，存在不同程度心理问题的人有 16.1%，而心理健康的人仅为 10.3%，可见，我国城镇居民心理健康状况堪忧。

总之，随着西部地区城市化进程的加快，城市化带来的各类生态环境问题日益严重。现如今，城市在人类的生存与发展中具有非常重要的作用，可以说，现在的人类社会已离不开城市，因此，如何发挥城市积极有利的方面，消除城市消极不利的方面，实现城市的可持续发展，正是当前西部城市发展中面临的实际问题。这些问题的解决，需要根据生态学的原理，改善城市生态系统的结构，提高城市生态系统的功能和调节其各要素之间的关系。这就是城市生态学产生的背景和研究的目的。

第4章 案例研究

4.1 呼和浩特市城市生态环境与生态安全

4.1.1 呼和浩特市概况

4.1.1.1 自然环境

（1）地理位置情况。呼和浩特市作为内蒙古自治区的首府，历史悠久，是西部少数民族区域的重要城市之一，也是内蒙古自治区政治、文化中心，无论在历史上还是在现今都对社会的发展和进步有着重要的推进作用。呼和浩特市坐落于内蒙古中部（东经 110°46′—112°10′，北纬 40°51′—41°8′），占地面积 17224 平方千米，地理位置优越：北邻大青山，西邻工业中心、经济中心的包头市和鄂尔多斯市，向东与乌兰察布市接壤，南部紧邻山西，是西部大开发的主要城市和西北连接全国的主要航空枢纽之一。其特殊的地理位置对黄河沿岸经济带和环渤海经济区的发展具有重要影响，是连接东北地区、华北地区、蒙古国、俄罗斯的桥梁，是"一带一路"重要节点城市，对中国西部的发展起着不可或缺的作用。

（2）地形地貌情况。呼和浩特市作为我国西部的大城市之一，北部毗邻大青山（大青山属阴山山脉的一部分，位于阴山山脉中部，山区形成诸多大小山峰），东南面向蛮汉山，南部为平原地貌，故其地形主要为山地地形和土默川平原地形，地势由东北向西南逐渐降低，东北高、西南低，自城市西部向东部主要有九峰山、金密山、蛮汉山等山峰，海拔处于 1000~2500 米，最高点位于大青山山顶的金銮殿，海拔高度 2280 米，最低处是托克托县的中滩乡，海拔 986 米。

（3）水文水域情况。呼和浩特市全市河流长度共计 1075.8 千米，河网密度较低，为 0.177 千米/平方千米。主要有四大河流：大黑河、小黑河、什万立米水磨沟、哈拉沁沟。什万立米水磨沟流域总面积 1380.9 平方千米，水域长度 68.2 千米，平均径流量 4972 万立方米/年。为保证用水，在政府倡导下，经过调研，1958 年呼和浩特市在沟口成功建成红领巾水库，水库容量 1650 万立方米，可实现灌溉面积 73.33 平方千米。哈拉沁沟作为主要河流之一，长度 55.6 千米，河流流域面积 708.7 平方千米，平均径流量 2622 万立方米/年。

虽然呼和浩特市位于西部干旱地区，但其地下水资源相对丰富，不仅有浅层水含水层，还有深层水含水层。全市浅层地下水补给量是 9.87 亿立方米，主要是浅层潜水和半承压水，其地下水埋藏深度、地下水含量由北向南逐渐增加。

（4）气候情况。呼和浩特市位于西部干旱地区，是干旱的大陆性气候，全年降水量小，四季分明，气候变化明显，从温度来说，无论是年温差还是昼夜温差都较大。春季气候干燥，少雨，多风，温差变化大；夏季炎热，少雨，阳光直射强；秋季降温明显，多风，且经常发生霜冻；冬季漫长，寒冷，降雪量小。

气温情况：呼和浩特市地势北低南高，大青山山区平均温度只有 2℃左右，城市南部是 6.7℃。城市最冷月气温平均介于-12.7℃~16.1℃，最热月气温平均介于 17℃~22.9℃。气温年较差介于 34.4℃~35.7℃，日较差介于 13.5℃~13.7℃。自有记录以来，极端最高气温高达 38.5℃，最低气温为-41.5℃。

霜期情况：呼和浩特市霜期高于全国平均水平，其北侧的大青山山区无霜期为 75 天，丘陵区无霜期为 110 天，南部平原无霜期为 113~134 天。日照时间为 1600 小时/年。

降水情况：因呼和浩特市属干旱半干旱性气候，降水量平均为 335.2~534.6 毫米/年，且其降水主要集中于夏季的 7 月和 8 月，且降水量由东北向西南递减，西南最少（平均 350 毫米/年），东北最多，平原区降水量为 400 毫米/年，大青山山区降水量介于 430~500 毫米。

4.1.1.2　社会经济

呼和浩特市作为西部大城市之一，占地面积 172244 平方千米，主要管辖四个区、四个县和一个旗。经有效统计，2018 年呼和浩特市常住人口约 311 万，其中城镇人口共计 215 万，环比增加 4.5 万，城镇化率约 69%。

2018 年，全市 GDP 总值 2743.7 亿元，环比增长 5%。从产业发展角度来说，第一产业环比增加 107.7 亿元，增长率 2.8%；第二产业环比增加 755.8 亿元，增长率 2.6%；第三产业环比增加 1880.2 亿元，增长率 6.1%。第一、第二、第三产业的比例为 3.9∶27.6∶68.5。2018 年，居民消费价格同比上升 1.4%，其上升幅度与 2017 年同期持平。2018 年，城市一般公共预算收入共计 201.6 亿元，环比下降 23%；城市固定资产投资完成 1491 亿元，环比下降 19.4%；全市城镇居民人均可支配收入 4.4 万元，环比增长 8.2%；城镇居民人均生活消费支出增加至 2.9 万元，环比增长 3.9%。

4.1.2 呼和浩特市城市生态环境时间序列的动态演变

城市化与经济全球化一样，是社会经济与文化发展的产物，是人类社会进步与发展的趋势，也是人类走向文明的标志。新中国成立以来，我国的经济发展迅速，城镇化进程不断加快，对自然环境、生态系统带来了威胁与破坏，粗放型的经济发展方式，导致耕地占用情况不断加剧，林地面积减少，生态系统的净化和服务功能日渐减弱，沙漠化情况加剧，环境的恶劣严重威胁到人类的生存。这些城镇化发展中出现的问题，敦促着人们不得不重视环境和生态安全问题，如何保证城市发展中的生态环境安全已经成为发展中的重中之重，是可持续发展的重要议题。习近平总书记提出要构建我国的生态安全体系，这体现了国家正面已经意识到生态环境的重要性，同时也促使人们践行保护生态环境、构筑人与自然和谐共处的大政方针。城市生态安全评价可使决策者和公众及时掌握城市发展中的环境现状，从而在实践上为城市的生态安全管理及其生态环境建设提供科学的依据与方法。

当前，随着西部地区发展步伐日益加快，特别是区域城市亦进入了快速发展阶段，生态安全问题也随之凸显。呼和浩特市是我国西北部干旱、半干旱地区的重点城市之一，是内蒙古自治区的首府，地处内蒙古中部，是全区的政治、经济、教育、科技和文化中心。快速化的发展在为呼和浩特市带来发展动力的同时也带来了生态环境问题。

本案例选取呼和浩特市作为研究对象，从时间尺度上以城市生态环境压力、环境状态和人文环境响应三个方面为项目层，在不同项目层共选取了 21 个指标，对城市生态安全的不同时段进行比较分析，从根本上提出城市生态安全综合评价方法和指标体系，由表及里地对城市生态安全综合指数进行了测算，从数据上对呼和浩特市城市生态环境发展态势进行量化分析。

4.1.2.1　城市生态安全评价指标体系构建

基于PSR概念模型框架研究理论与方法，遵循指标的选取原则，以PSR模型（压力—状态—响应）为模型，参照已有生态环境评判和生态安全评判的关键方法与途径，结合经济发展、社会行为对城市生态系统整体对城市环境系统的重要影响，运用可获取的实际数据，生态因子的筛选主要从反映人们生活水准、城市社会经济发展现状和生态环境状态等方面来进行，在此基础上从资源环境状态、环境压力、环境系统响应三个层次构建模型指标体系。最后，确立了呼和浩特城市生态安全评价的指标体系共选取了21个指标：9个压力指标、6个状态指标以及6个系统响应指标。其中，从压力指标体系中能够直接体现出的是人类生产、生活对生态环境形成的破坏性、资源消耗程度和经济发展所带来的巨大压力，本指标从经济、社会角度的压力、资源短缺角度形成的压力和污染排放的环境压力（包括工业排污）三个方面来分析。从状态指标体系中能够体现出的是区域经济情况、自然资源情况、环境生态质量，同时树立了环境（大气污染情况、环境噪声等）、经济社会（工业生产排污等）和资源方面的状态（绿化覆盖率等）。从响应指标体系看，针对城市发展中对生态环境系统造成的威胁和破坏，人类所做出的保护生态的方法，包括第三产业占GDP比重、污水及固体废弃物处理率、烟尘控制面积等。具体指标体系如表4-1所示。

表4-1　呼和浩特市城市生态安全指标体系

		指标	编号	属性
城市生态安全综合评价指标	压力指标	人口密度（人/km^2）	X_1	-
		人口自然增长率（‰）	X_2	-
		城乡居民日生活用电（kW·h）	X_3	+
		医院床位数（张/万人）	X_4	+
		城市公交客运量（万人次）	X_5	+
		人均住房使用面积（m^2）	X_6	+
		人均拥有道路使用面积（m^2/人）	X_7	+
		人均公共绿地面积（m^2）	X_8	+
		工业废水日排放量（万t）	X_9	-

续表

		指标	编号	属性
城市生态安全综合评价指标	状态指标	全市大气 SO_2 排放量（t）	X_{10}	-
		全市大气烟尘排放量（t）	X_{11}	-
		工业固体废弃物产生量（万 t）	X_{12}	-
		建成区绿化覆盖率（%）	X_{13}	+
		集中式饮用水水源地水质达标率（%）	X_{14}	+
		区域环境噪声平均值（dB（A））	X_{15}	-
	系统响应	人均地区生产总值（元）	X_{16}	+
		第三产业增加值占 GDP 的比例（%）	X_{17}	+
		工业固体废物综合处置利用（%）	X_{18}	+
		生活垃圾无害化处理率（%）	X_{19}	+
		城市污水处理率（%）	X_{20}	+
		建成烟尘控制区面积（km^2）	X_{21}	+

注："+" 代表正向指标，"-" 代表负向指标。

4.1.2.2 生态安全评价方法

（1）数据来源。所需数据资料主要来源于2000~2017年的《内蒙古统计年鉴》《呼和浩特市国民经济和社会发展统计公报》《呼和浩特市经济统计年鉴》《呼和浩特市环境公报》《中国环境统计年鉴》等。

（2）指标标准值计算。对研究城市在 m 年的生态安全状况进行评价，评价指标包括 n 个指标，则评价系统的原始矩阵为：

$X=(X_{ij})_{m\times n}$

指标体系形成后存在着各指标系数量纲的统一性不足的问题，进而使指标的内部数据以及各项指标之间可比性不高。所以，要对全部研究数据进行无量纲化预处理，即对指标的原始数据进行标准化处理，以消除量纲的差异。

研究方法采用级差法，不同属性的指标标准化方式不同，其中，正向指标的标准化采用如下公式：

$$X'_{ij}=\frac{X_{ij}-\min X_{ij}}{\max X_{ij}-\min X_{ij}}$$

负向指标（如“工业固体废弃物产生量”）的标准化采用公式如下：

$$X'_{ij}=1-\frac{X_{ij}-\min X_{ij}}{\max X_{ij}-\min X_{ij}}$$

其中，X_{ij}代表第 i 个样本的第 j 个评价指标的原始数据；X'_{ij}代表相应的无量纲化处理后的值，因子标准化定量值是介于 0~1。数据标准化后，相应矩阵为：$Y=(X'_{ij})_{m\times n}$

（3）权重的确定与评价模型的构建。采用熵权法来确定指标体系中各项指标的权重。熵权法是将各影响因素所提供信息量进行综合，最后计算出综合指标。作为常用的一种综合评价方法，其主要是根据不同指标传递给决策者的信息量来确定权重。而依据信息论的基本原理与方法，信息是系统有序程度的直观度量。具体计算过程如下：

第一，计算第 j 项指标的信息熵：

$$y_{ij}=X'_{ij}/\sum_{i=1}^{m}X'_{ij}$$

$$e_j=-k\sum_{i=1}^{m}y_{ij}\ln y_{ij}$$

其中，$k>0$，ln 为自然对数，$k=1/\ln m$，$0\leqslant e_j\leqslant 1$，由于采用级差法对数据进行标准化处理，标准值会出现 0 值的情况，为避免 ln0 的问题出现，将数据标准化后出现的 0 值统一用 0.00001 来代替，并进行后续计算。

第二，确定各指标的熵权：

$$w_j=(1-e_j)/\sum_{j=1}^{n}(1-e_j)$$

（4）综合评价指标的确定。城市生态安全综合评价指数为：

$$S_i=\sum_{i=1}^{m}w_j X'_{ij}$$

其中，S_i用来表示评价对象现状与目标的符合程度和向目标接近的速度，指数越接近 1，代表越安全，越接近 0，则代表不安全。

（5）城市生态安全评价等级的确定。以相关研究成果为基础进行分析，从五个安全档次出发，以量化方法分析得出城市生态安全级别评价标准，评价得出安全等级的综合值（见表 4-2），其数值的大小与城市生态安全状态成正比，数值越大，说明城市生态安全状态越好。

表 4-2　城市生态安全程度分级标准

综合评价指数（S_i）	$S_i \leq 0.35$	$0.35 > S_i \leq 0.45$	$0.45 > S_i \leq 0.55$	$0.55 > S_i \leq 0.75$	$S_i > 0.75$
评价	很不安全	不安全	临界安全	安全	理想安全
预警色	深红色	红色	橙色	绿色	蓝色

4.1.2.3　生态安全各项指标的评价结果与分析

应用上述公式将正负指标的原始数据进行标准化处理后，用于计算各指标的信息熵及熵权，再计算出各年份的城市生态安全综合评价指数，最后计算结果如表 4-3 所示。由表 4-3 可以看出，2000~2016 年的 17 年间，呼和浩特市城市生态安全综合评价指数变化幅度较大。其中最大值为 0.8248（2016 年），最小值为 0.3260（2001 年），研究时间区间内的平均值为 0.5655。由表 4-2 和图 4-1 可以看出，在 2001 年、2011 年和 2014 年三年的时间里，综合评价指数有明显的下降趋势，在 2000~2016 年的 17 年时间里，呼和浩特市城市生态安全指数整体上是呈“下降—上升—下降—上升—下降—上升”的发展趋势，安全级别整体呈“不安全—临界安全—安全—理想安全”的发展趋势。总之，从整个研究的时间序列来看，城市安全处于“安全”的状态，由整体发展趋势可看出其生态安全状态不断地向着良性的方向发展。

表 4-3　2000~2016 年呼和浩特市城市生态安全综合评价结果

年份	资源环境压力指数	资源环境状态指数	人文环境响应指数	综合评价指数	安全分级
2000	0.1255	0.2636	0.0400	0.4291	不安全
2001	0.1097	0.1697	0.0466	0.3260	很不安全
2002	0.1241	0.2033	0.0674	0.3948	不安全
2003	0.1509	0.2284	0.0982	0.4775	临界安全
2004	0.1806	0.1828	0.1140	0.4774	临界安全
2005	0.2137	0.1639	0.1296	0.5071	临界安全
2006	0.2435	0.1216	0.1404	0.5055	临界安全
2007	0.2263	0.1422	0.1404	0.5089	临界安全

续表

年份	资源环境压力指数	资源环境状态指数	人文环境响应指数	综合评价指数	安全分级
2008	0.2371	0.1795	0.1597	0.5763	安全
2009	0.3121	0.1645	0.1255	0.6022	安全
2010	0.3194	0.1504	0.1947	0.6645	安全
2011	0.2717	0.1151	0.2005	0.5873	安全
2012	0.3129	0.1149	0.2174	0.6452	安全
2013	0.2946	0.1529	0.2403	0.6878	安全
2014	0.2704	0.1493	0.2406	0.6602	安全
2015	0.3276	0.1577	0.2543	0.7397	安全
2016	0.3493	0.2031	0.2724	0.8248	理想安全

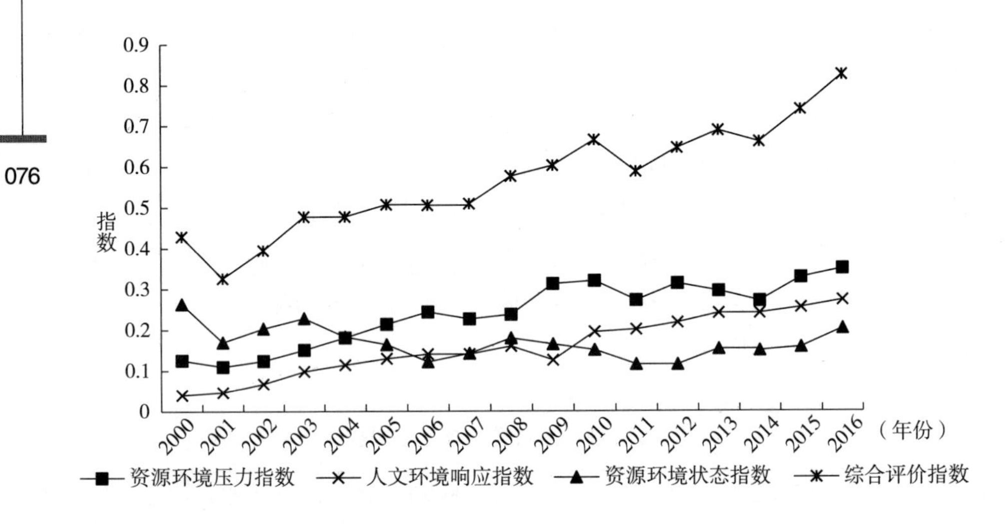

图 4-1　2000~2016 年呼和浩特市城市生态安全状况变化趋势

（1）资源环境压力方面。由表 4-3 和图 4-1 可以看出，在研究时间序列内，呼和浩特市资源环境压力指数除 2007 年、2008 年、2011 年及 2014 年有较明显的下降外，整体呈不断上升的趋势，由 2000 年的 0.1255 上升至 2016 年的 0.3493，增加了 178%，可见呼和浩特市的城市生态环境面临的压力不断增加。特别是近年来随着城市社会经济的发展，城镇化的进程加快，资源环境压力与日俱增。2017 年，内蒙古常住人口城镇化率达 62.0%，高于全国同期的 58.5%，与 1978 年相比城镇化率提高了 40.2%，年均增长 1.03%。作为内蒙古的首府城市，2017 年，呼和浩特市常住人口为 311.48 万人，其中城镇人口 215.17 万人，比 2016 年增加 4.52 万人，城镇化率为 69.08%，比 2016 年提高 0.88%，高于全区城镇化水平 7.06%。受到资源环境保护的法规、管理、政策等不完善，发展战略理念受等多种因素制约，致使城市资源环境所承受的压力不断增大。

（2）资源环境状态方面。由表 4-3 和图 4-1 可以看出，在资源环境状态方面，在 2000~2016 年的研究时间段内，呼和浩特市生态环境状态指数整体呈逐年下降的趋势，由 2000 年的 0.2636 下降至 2016 年的 0.2031，下降了 23%。其中 2000 年的指数最高，为 0.2636，2012 年的指数是最低的，为 0.1149。资源环境状态整体系统的下降，将导致资源环境压力的整体上升，二者是成反比的，即压力上升，状态下降，二者发展曲线基本也是呈相反的趋势。由此可以看出，由于呼和浩特市城市快速扩张及发展，其资源环境承载的压力不断增大，资源环境状态欠佳，虽然在这期间政府加大了对生态环境保护和治理的力度，但远远不能减少或消除社会经济快速发展所带来的环境污染和资源耗竭问题，在经济的快速发展和城镇化进程不断加快的背景下，城市人口过快增长、资源耗竭、环境污染、基础设施落后等问题并未得到有效解决。

（3）人文环境响应方面。由表 4-3 和图 4-1 可以看出，在研究时间序列内，人文环境响应指数整体呈较为稳定的上升趋势，表明政府在社会经济快速发展的同时，正在逐渐加大对城市生态环境的投入和保护、治理力度。其中，2000 年的响应指数为最低值，其原因为 17 年中环境保护投资是最少的，导致了资源环境的压力逐渐增加。2016 年的指数处于最高值，说明 2016 年的污水处理问题、生活垃圾处理问题、建成烟尘控制区域面积等都得到了改善，处于 17 年中的最高值。可见，在人文环境建设方面，呼和浩特市不断在社会经济健康、平衡以及绿色发展等方面提高了重视程度，加大了投入力度。

4.1.2.4 结论与讨论

从目前的发展水平来看，呼和浩特市依然处于高消耗、高排放的粗放型增长阶段，其粗放型的经济发展模式所带来的城市生态问题要求我们践行可持续发展理念，发展循环经济，推广清洁生产，改变当前经济发展模式现状，加快构建“低消耗、低排放、高效率”的循环经济发展模式。优化公共交通，努力发展燃气、电力交通，减少燃油汽车的尾气排放，同时优化环境空气质量监测系统，减少噪声污染。水污染的预防与治理。要通过整治、净化污染源的方式，从市内重点行业出发，以法律手段，保证污染净化，达标排放；固体废物污染防治。开展生活垃圾分类收集，提高工业固体废物综合利用率；建立固体废物调配管理网络和废品收购、转运、处理机构；加快固体废物减量化、无害化、资源化处理工程建设。

宜居的城市靠的不仅是绿化、交通等硬环境，还有人与环境之间达到和谐并实现共同发展的“软环境”。城市生态环境系统以自身为主体，人不仅是城市生态环境的建设者，同时也是设计者，人类的想法和行为都会对城市的功能性造成影响，起着决定性的作用。目前，众多城市问题的出现，与社会上层管理者、决策者及人民群众的无知行为密不可分。因此，呼和浩特市必须从基础出发，普及并提高上层建筑和普通群众的环境意识，推广环境保护的科学知识。只有通过与城市环境协调和谐共处，保证发展的可持续性，才能够根治城市生态安全问题，减少城市发展阵痛。

4.1.3 呼和浩特市城市化与大气污染的相关性

城市化进程是人口集中、经济集约、产业优化的过程，是社会发展到一定阶段的产物，是人类文明进步的主要标志。当前，我国正处于经济转型与工业化快速发展的关键阶段。一方面，城市的各项功能体系愈加完备，城市效应日益凸显；另一方面，城市的承载压力不断增大，结构、功能受到较大冲击，甚至出现退化现象。尤其是在自然及人为因素的作用下，城市环境污染令人担忧，特别是大气污染问题日益严峻。

4.1.3.1 指标体系构建与模型设定

（1）指标体系构建。已有的相关研究多采用系统的数学模型来描述因子之间、子系统之间、层次之间的相互作用、系统与周边环境的相互作用。在研究城市化与大气污染二者的拟合关系时，采用一种或两种指标往往难以对二者间的拟合关系进行度量。理应综合考量整体系统中各个子系统之间、各个组成因子之间错综复杂的关系，然后尽可能地构建一个全面的、完整的综合测度指标体系，从而使研究结果能科学、准确地反映出城市化与大气污染之间的相关性。依据前人的研究经验及相关成果，并结合呼和浩特市实际情况及数据的可获得性，选取反映城市经济发展水平、居民生活质量及大气污染状况等因子，构建了呼和浩特市城市化与大气污染拟合相关性指标体系（见表4-4），共选取了9个指标，包括6个和3个大气污染指标。

表 4-4　城市化与大气污染拟合相关性指标体系

		指标	编号
城市化与大气污染相关性	城市化	非农业人口比重（%）	U_1
		建成区面积（km^2）	U_2
		人均 GDP（元）	U_3
		社会消费品零售总额（万元）	U_4
		城市道路面积（万 m^2）	U_5
		拥有公共汽车营运车辆数（辆）	U_6
	大气污染	二氧化硫浓度年均值（mg/m^3）	A_7
		二氧化氮浓度年均值（mg/m^3）	A_8
		可吸入颗粒物（PM10）浓度年均值（mg/m^3）	A_9

资料来源：1996~2016 年的《呼和浩特经济统计年鉴》《内蒙古自治区环境状况公报》《中国环境统计年鉴》以及呼和浩特市环境保护监测数据等。

（2）模型设定。

1）指标值标准化处理。指标体系构建完成后，首先要对指标进行无量纲处理，对获取的原始数据进行标准化处理，即以解决各指标量纲不统一、数值差异过于悬殊以及无可比性等问题。

采用 SAS 软件 9.4 对所有原始数值变量进行标准化处理。

其中，正向指标（如“拥有公交汽车运营数量”）的标准化公式如下：

$$X'_{ij}=(X_{ij}-\overline{X})/S_j$$

而负向指标（如“污水排放量”）的标准化公式如下：

$$X'_{ij}=(\overline{X}-X_{ij})/S_j$$

其中，X_{ij} 为第 i 年第 j 项指标的原始数据；X'_{ij} 为相应的标准化无量纲处理后的指标数值；X 为第 j 项指标的均值；S_j 为第 j 项指标的标准差。X 因子标准化定量值均介于 0~1。标准化后的矩阵为：$U=(X'_{ij})_{m\times n}$。

2）权重确定。权重的确定采用综合测度指标体系来完成，该体系在通过不同指标传递出的信息量进行权重的确定时，还要排除人为主观因素对结果的影响。因此，拟采用客观赋权评价法（如熵权法）来确定综合指标体系中各项指标的权重。具体计算方法如下：

第 j 项指标信息熵计算：

$$p_{ij}=X'_{ij}/\sum_{i=1}^{m}X'_{ij}$$

$$e_j=-k\sum_{i=1}^{m}p_{ij}\ln p_{ij}$$

其中，k>0，ln 为自然对数，k=1/lnm，$0\leqslant e_j\leqslant 1$，为避免出现 ln0 的情形，将标准化后的 0 值代替为 0.00001 计算。

确定各指标的熵值（权重）：

$$w_j=(1-e_j)/\sum_{j=1}^{n}(1-e_j)$$

3）指标综合指数的确定。城市化程度综合指数计算公式为：

$$f(X)=\sum_{j=1}^{n}w_j U_j$$

大气污染综合指数计算公式为：

$$f(Y)=\sum_{j=1}^{n}w_j A_j$$

其中，f（X）为城市化综合评价函数，f（Y）为大气污染综合评价函数，w_j为各指标的熵值，U_j、A_j为标准化后的数据。

4）模型设定。对于城市化与大气环境污染之间的相关性，采用二次或三次曲线回归拟合来实现，由于三次多项式拟合效果要优于二次多项式，因此将模型设定为：

$$Y=\alpha_1+\alpha_2X+\alpha_3X^2+\alpha_4X^3$$

其中，X 为城市化综合指数，Y 为大气污染综合指数，α为回归系数。

以大气污染综合指数作为纵坐标，以城市化综合指数作为横坐标，得出城市化与大气污染的拟合曲线关系（见表 4-5）。

表 4-5　城市化与大气污染曲线拟合关系

序号	回归系数	曲线关系
1	$\alpha_2>0$，$\alpha_3<0$ 且$\alpha_4=0$	倒“U”形曲线（EKC）
2	$\alpha_2<0$，$\alpha_3>0$ 且$\alpha_4=0$	“U”形曲线
3	$\alpha_2<0$，$\alpha_3=0$ 且$\alpha_4=0$	直线
4	$\alpha_2<0$，$\alpha_3>0$ 且$\alpha_4<0$	倒“N”形曲线
5	$\alpha_2>0$，$\alpha_3<0$ 且$\alpha_4>0$	“N”形曲线

4.1.3.2 结果与分析

（1）城市化水平综合评价。首先，应用熵权法来确定综合指标体系中各项指标的权重，即计算出各指标的权重，计算结果如表4-6所示。其次，运用上述相关公式进行综合指数计算，即1996~2015年呼和浩特市城市化综合指数及大气污染综合指数，计算结果如表4-7所示。同时，绘制出在研究时间序列内，呼和浩特市城市化及大气污染综合指数动态变化及趋势图（见图4-2、图4-4）。

表4-6 城市化与大气污染各指标权重

	U_1	U_2	U_3	U_4	U_5	U_6	A_1	A_2	A_3
权重（w_i）	0.195992	0.166527	0.155987	0.152998	0.168353	0.160144	0.306583	0.371359	0.322058

表4-7 城市化与大气污染综合指数

年份	城市化综合指数	大气污染综合指数	年份	城市化综合指数	大气污染综合指数
1996	0.03882	0.054549	2006	0.046608	0.03512
1997	0.019249	0.060825	2007	0.050214	0.041378
1998	0.022427	0.069883	2008	0.056528	0.008334
1999	0.024266	0.092153	2009	0.060815	0.05775
2000	0.025804	0.067189	2010	0.065413	0.053682
2001	0.027678	0.056884	2011	0.070374	0.039492
2002	0.029341	0.039079	2012	0.074853	0.024572
2003	0.0358	0.042452	2013	0.079322	0.03954
2004	0.038502	0.038278	2014	0.091387	0.040318
2005	0.042693	0.045935	2015	0.099905	0.045062

由表4-7和图4-2可以看出，呼和浩特市城市化综合指数在1996年为0.03882，1997年下降为0.019249；1997~2015年，其值一直处于不断上升趋势，即由1997年的0.019249上升至2015年的0.099905，上升幅度达419.01%。由此可见，在近20年时间内，呼和浩特市处于城市化进程的快速发展期，城市建设步伐不断加快。此外，通过城市化综合指数趋势图

（见图 4-2）可以看出，其三阶多项式趋势线的判定系数 R^2 值达 0. 9772，近似于 1，表明用趋势线拟合数据非常可靠。可以看出二者的关系可用一条直线近似表示，在此基础上，又绘制了线性趋势图，其判定系数 R^2 值也达到了 0. 8943，表明其曲线回归拟合效果良好。由此可见，呼和浩特市现正处于城市化飞速发展时期，并且在今后一段时期内这一趋势仍将延续。

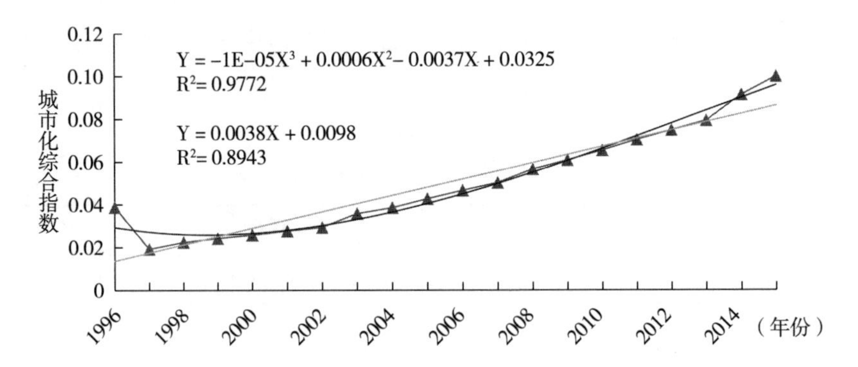

图 4-2　1996~2015 年呼和浩特市时间序列内城市化综合指数动态变化及趋势

（2）大气污染状况综合评价。由图 4-3 可知，可吸入颗粒物（PM10）是呼和浩特市大气污染的主要污染物，其浓度年均值是各污染物总数值最大的。特别是在 1996~2005 年，其贡献率远远高于其他指标，在 2003 年，可吸入颗粒物（PM10）值明显下降，但整体来看仍高于其他两个指标，并在 2015 年又开始呈显著上升的态势。同时，1996~2001 年，二氧化硫浓

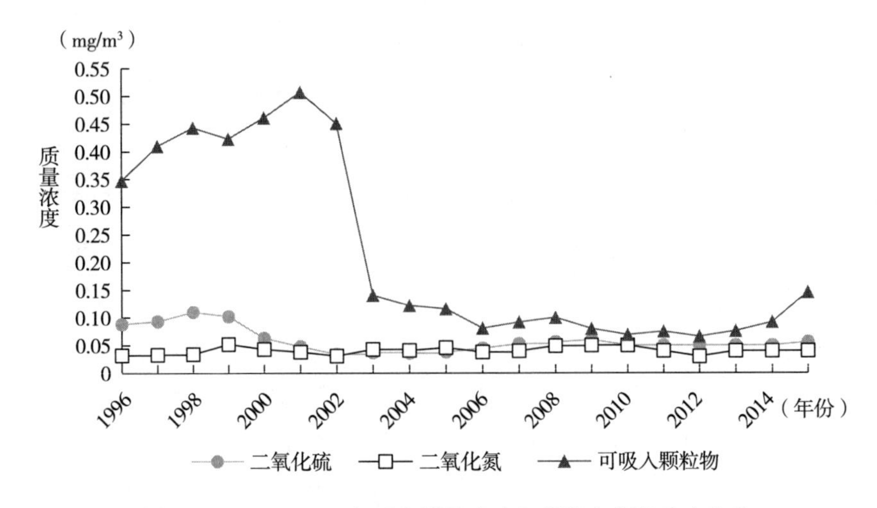

图 4-3　1996~2015 年呼和浩特市大气污染各指标动态变化

度年均值显著高于二氧化氮浓度年均值，但此后二者之间差别不大。因此，整体来看，在研究时间序列内，可吸入颗粒物（PM10）浓度年均值整体呈上升的趋势，二氧化氮浓度年均值变化幅度不大，而二氧化硫浓度年均值呈现出下降—平稳的趋势。

由图 4-4 可以看出，在研究时间序列内，呼和浩特市大气污染综合指数变化趋势较大，整体呈显著上升—显著下降—显著上升—下降—上升的发展趋势。其中，1996～1999 年，大气污染综合指数由 1996 年的 0.054549 上升为 1999 年的最大值 0.092153，然后开始显著下降，到 2008 年降为最小值 0.008334，在 2009 年又出现了显著上升趋势，大气污染综合指数为 0.05775，之后开始下降至 2012 年的 0.024572，2013～2015 年开始出现小幅度上升，到 2015 年，其值为 0.045062。而其三阶多项式趋势线的判定系数 R^2 值为 0.4334，表明用趋势线拟合数据情况一般。

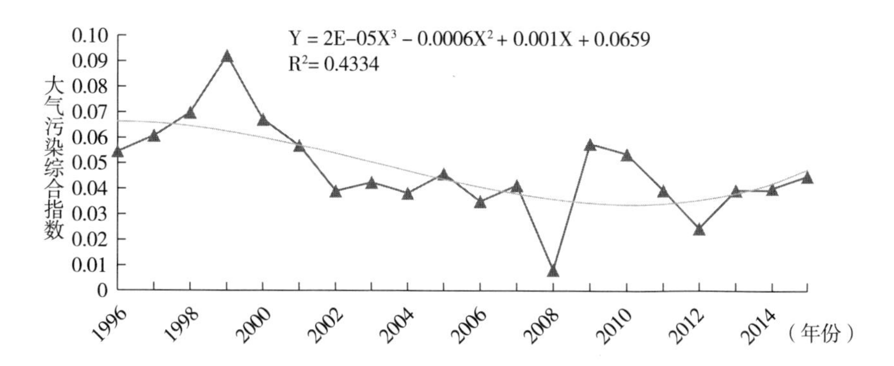

图 4-4　1996～2015 年呼和浩特市时间序列内大气污染综合指数动态变化及趋势

（3）城市化与大气污染曲线拟合相关性分析。由 1996～2015 年呼和浩特市时间序列内城市化与大气污染曲线拟合可知（见图 4-5），其模拟方程为：

$$Y=-222.15X^3+53.545X^2-4.046X+0.1344\ (R^2=0.4547)$$

曲线拟合结果表明，1996～2015 年呼和浩特市城市化与大气污染拟合曲线趋向“U”形，但并不十分典型。表明呼和浩特市城市化初期发展较为缓慢，甚至在 1997 年出现了下降趋势，大气环境污染降低，随着经济的继续发展，城市化进程加快，大气环境污染问题开始凸显，由于近年来呼和浩特市在大气污染防治方面加大了综合整治力度，使得这种上升趋势并不十分显著。

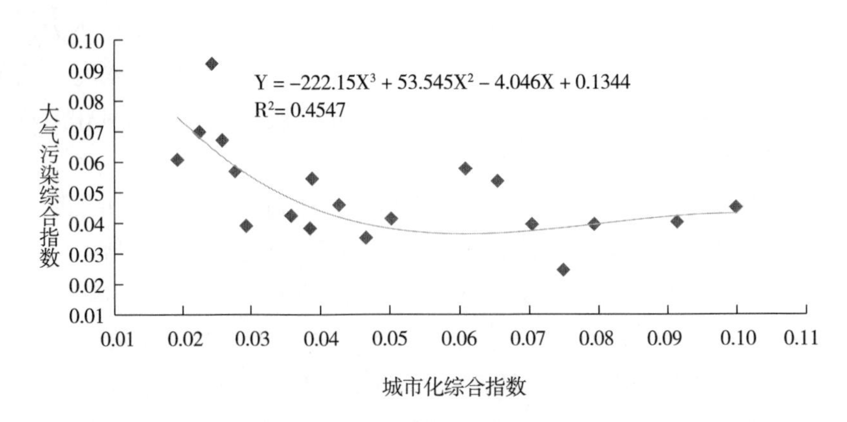

图 4-5　1996~2015 年呼和浩特市时间序列内城市化与大气污染曲线拟合

此外，考虑到大气污染各指标中可吸入颗粒物（PM10）变化波动性十分显著，因此本案例进行了大气污染各指标与城市化之间的曲线拟合。结果表明，二氧化硫、二氧化氮两类污染物与城市化之间的曲线拟合效果不显著，而可吸入颗粒物（PM10）指标则是相反的情况，曲线拟合效果良好（见图 4-6），R^2为 0. 8223，其模拟方程为：

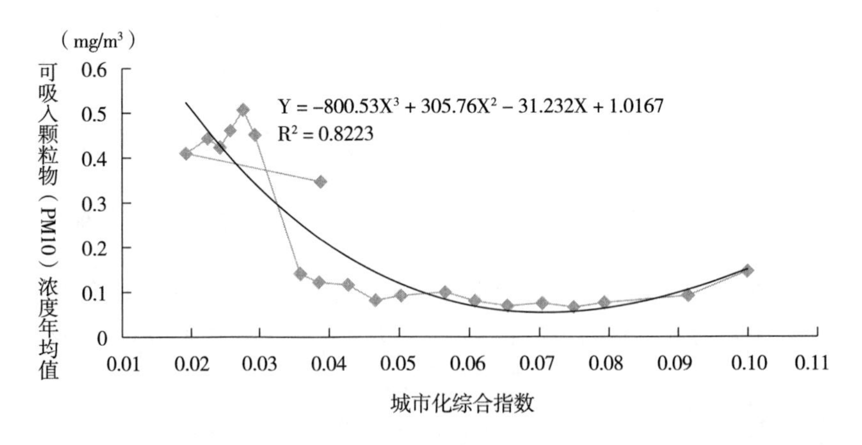

图 4-6　1996~2015 年呼和浩特市时间序列内城市化与可吸入颗粒物（PM10）曲线拟合

$$Y = -800.53X^3 + 305.76X^2 - 31.232X + 1.0167$$

曲线拟合回归结果表明，可吸入颗粒物（PM10）与大气污染拟合曲线亦为“U”形曲线，这与城市化和大气污染曲线拟合结果一致。由此可见，可吸入颗粒物（PM10）为呼和浩特市大气污染主要污染物，对呼和浩特市大气环境质量影响最大。

4.1.3.3 结论与讨论

大气污染各指标中可吸入颗粒物（PM10）变化波动性显著，其与城市化的拟合曲线亦呈“U”形曲线关系。可见，可吸入颗粒物（PM10）为呼和浩特市大气环境污染的主要贡献因子，是主要污染物质，危害程度更为严重。

在近 20 年时间内，总体来看，随着城市化进程的快速发展，呼和浩特市大气污染指标中的二氧化硫、二氧化氮平均浓度变化波动性相对较小，表明在城市化飞跃发展的背景下，城市大气污染防治取得了一定成效，二者浓度未随着经济的快速发展出现大幅度增加。但同时也表明，大气环境质量改善形势依然严峻。

在研究时间序列内，呼和浩特市城市化与大气污染拟合曲线不符合环境库兹涅茨倒“U”形曲线关系，而表现为“U”形的特殊曲线关系，即在城市化发展较为缓慢的初期，大气环境污染降低，而后随着城市化进程加快，经济持续快速发展，大气环境污染问题开始凸显，但行之有效的防治措施、科学发展理念的实施使得这种上升趋势并不十分显著。

城市的社会经济发展和大气污染相关性分析对研究城市生态安全来说至关重要。考虑到呼和浩特市地域、气候及社会经济发展等特点，利用 EKC 理论指数对城市化与大气污染的曲线拟合相关性关系进行了研究分析，确定了拟合相关性指标体系，并依据国内外有关方面的研究经验及相关成果，研究结论表明，呼和浩特市城市化与大气污染的曲线拟合大体表现为“U”形，但不十分典型。在近 20 年时间内，虽然城市化的快速发展，会引起大气污染等问题，但同时可以看出，呼和浩特市在综合整治大气环境污染方面取得了显著的成效。如淘汰 10 蒸吨以下燃煤锅炉，石化、电力、供暖等重点企业脱硫、脱硝、除尘升级改造，机动车尾气检测及“黄标车”管制，增加新能源公交车及公共自行车，以及城中村、城边村拆迁改造等一系列措施对策，从而使得大气污染状况得到了有效遏制。但整体来看，呼和浩特市大气环境质量改善形势依然严峻，特别是部分企业违规生产、排污，建筑工地管理参差不齐，淘汰小燃煤锅炉任务艰巨，且燃煤锅炉污染质量投入大，运行费用高等问题依然突出。

此外，由于城市化与大气污染涉及指标指数较多，其内在关系又极为复杂，如何全面科学地分析两者间内在诸多因素的相关性，是今后的重点研究方向。此外，由于受到监测条件及数据资料获取的限制，本书指标选择相对较少，这从整体上来看，对研究呼和浩特市的城市化进程与大气环境污染之间的关系具有一定的局限性。

4.1.4　呼和浩特市城市生态环境适宜度的评价

城市生态环境质量是社会文明发展的重要体现，能够有效衡量社会和人类发展的是以程度，通过指标评价体系评价城市生态环境质量，不仅是协调城市发展与环境保护的必要手段，也是系统性整治城市生态环境综合整治、保证城市生态系统实现良性循环的重要方式。对适宜度的评价，是制定可持续性城市国民经济社会发展计划，形成科学的城市环境规划的前提。

在城镇化快速发展及生态环境问题凸显的背景下，为了解呼和浩特市生态环境质量现状，本案例拟采用城市生态环境适宜度指数法对呼和浩特市生态环境质量现状进行了研究。

4.1.4.1　评价指标体系确定方式

以城市生态环境质量评价标准为基础，通过既有的生态环境质量评价体系，科学指标体系，结合呼和浩特市城市性质，经济发展目标、社会发展目标和城市生态系统健康分析，依据“自然—经济—社会”复合生态系统的理念与原理，形成城市生态环境评价指标体系和评价方法，其中城市居民人均可支配收入、人均地区生产总值和人均财政收入的指标基准值为当年全国平均水平的 2 倍，如表 4-8 所示。

表 4-8　城市生态环境质量评价指标体系

指标组名称	指标类别	指标组权重（W_i）	指标权重（W_j）	指标基准值（B_i）
社会可持续指标组（A）	人口密度（人/km²）P_1	0.263	0.30	2500
	城市居民人均可支配收入（元）P_2		0.23	67232
	恩格尔系数 P_3		0.15	40
	人均居住面积（m²）P_4		0.10	50
	人均生活用水量（t/a）P_5		0.07	100
	人均用电量（kW·h/a）P_6		0.06	3500
	人均拥有道路面积（m²）P_7		0.04	19.23
	百人拥有电话机数（部）P_8		0.03	10000
	每万人拥有医生数（人）P_9		0.02	65
	每万人中高校在校学生数（人）P_{10}		0.07	250

续表

指标组名称	指标类别	指标组权重（W_i）	指标权重（W_j）	指标基准值（B_i）
自然资源可持续指标组（B）	森林覆盖率（%）P_{11}	0.055	0.50	15
	人均耕地面积（公顷）P_{12}		0.14	0.15
	人均水资源量（平方米）P_{13}		0.25	4000
	年降水量（毫米）P_{14}		0.06	1200
	年均温度（℃）P_{15}		0.06	20
环境可持续指标组（C）	废水排放达标率（%）P_{16}	0.564	0.49	100
	工业固体废弃物利用率（%）P_{17}		0.29	100
	污水处理率（%）P_{18}		0.13	100
	城市建成区绿化覆盖率（%）P_{19}		0.06	45
	生活垃圾处理率（%）P_{20}		0.04	100
经济可持续指标组（D）	人均国民生产总值（元）P_{21}	0.118	0.56	107634
	国民生产总值增长率（%）P_{22}		0.23	10
	人均财政收入（元）P_{23}		0.08	47642
	第三产业占国民生产总值比（%）P_{24}		0.14	50

（1）单项指标的适宜度模型构建。

1）正向指标。该项指标表明，指标的数越高，适宜度越好，分析得出其适宜度指数模型：

$$P_{i1}=A_i/B_i\times W_j$$

其中，P_{i1}是 i 指标适宜度指数；A_i是 i 指标现状数值；B_i是 i 指标基准数值；W_j是 i 指标权重。

2）负向指标。该项指标表明，指标的数值越低，适宜度越好。分析得出其适宜度指数模型：

$$P_{i2}=(1-A_i/B_i)\times W_j$$

其中，P_{i2}是负向指标中 i 指标适宜度指数；A_i、B_i、W_j与上相同。

（2）指标组适宜度模型。

$$P_j=\sum_{i=1}^{k}P_i(P_{i1},\ P_{i2})$$

其中，P_j是社会、经济、自然、环境综合的适宜度指数，K 是各指标组中指标的数量。

（3）城市生态环境适宜度综合指数模型。计算城市生态环境质量综合指数，须将各项一级指标指数与其各自权重相乘后求和，计算得出环境质量综合指数数值（EQCI）。公式为：

$$EQCI = \sum_{j=1}^{4} P_j \times W_i$$

其中，EQCI 是城市生态环境适宜性综合指数数值；W_i是各项指标组权数。

4.1.4.2　结果与分析

根据 2017 年《呼和浩特市经济统计年鉴》《内蒙古统计年鉴》《呼和浩特市国民经济和社会发展统计公报》和《呼和浩特市环境状况公报》等数据，通过各项指标现状值及根据单项指标适宜度模型计算得出的单项指标适宜度指数结果，再通过指标组适宜度模型及综合指数模型计算得出结果，如表 4-9 所示。

表 4-9　城市生态环境现状适宜度

指标组	适宜度现状值
社会可持续指标组适宜度指数	0.60
自然资源可持续指标组适宜度指数	1.15
环境可持续指标组适宜度指数	0.71
经济可持续指标组适宜度指数	0.93
综合指数	0.73

综合指数数值大小，其本身并不存在形象意义，若想有效地对数值进行评价，需要系统地对一系列数值进行限值界定，只有这样，才能够准确、科学地表达出其形象含义。参照国内外既有的相关研究成果，结合众多综合指数分级法，设计出多级的分级评价标准，并对综合指数作出相应的分级评价，如表 4-10 所示。

表 4-10　城市生态环境质量综合指数分级情况

等级	指数值	评价
一级	≥0.80	强可持续发展性，经济、社会、环境高度协调
二级	0.65~0.80	中可持续发展性，经济、社会、环境比较协调
三级	0.35~0.65	弱可持续发展性，经济、社会、环境不太协调
四级	0.20~0.35	可持续发展受到阻碍，经济、社会、环境不协调
五级	≤0.20	可持续发展严重受到阻碍，经济、社会、环境高度不协调

在分级等级标准中，及格线为0.65，指数值越高，适宜度级别相应越高，这也体现出城市生态环境质量可持续发展性越好。

由表4-9、表4-10可以看出，四个指标组适宜度差异性较大，表明这四个指标组发展不均衡。但从指标现状值与标准值的对比来看，其中社会可持续指标组适宜度指数为0.60，可持续发展性是较弱的，仅属于三级标准，这说明经济、社会、环境三者的发展协调度低。其中社会可持续指标组的人均生活用水量和每万人拥有医生数都远远低于基准值，表明呼和浩特市在城市基础设施建设和医疗卫生条件等方面还存在较多的问题。自然资源可持续指标组适宜度指数为1.15，处于较高水平，但自然资源可持续指标组的年降水量和人均水资源量都远低于标准值，这主要是由于呼和浩特市的气候条件所造成的，年均降水量少且时空分布不均。同时，近年来，随着呼和浩特市人口的不断增加，所需水量逐年递增，加之水污染，使得人均可用水资源不断减少。

环境可持续指标组适宜度指数为0.71，为二级标准，从指标现状值与标准值的对比来看，生活垃圾处理率、建成区绿化覆盖率、污水处理率等指标都低于基准值，而且工业废水排放达标率、工业固体废弃物综合利用率更是远低于基准值，这表明呼和浩特市的环境质量不容乐观，虽然呼和浩特在环境保护与治理方面采取了一系列的措施，投入了大量的财力物力来进行生态环境的建设，虽然取得了一定的成效，但目前对环境的污染控制和综合整治力度还需进一步加强，环境保护与治理依然任重道远。

经济可持续指标组适宜度达到了一级标准，指数为0.93，而且其各个指标的现状值都高于基准值，充分证明了呼和浩特市近年来虽然经济发展水平不断提高，但是却付出了环境破坏的代价，资源过度开发导致资源不断减少。

统计得出城市综合适宜度指数值为0.73，属于二级标准，这说明了呼和浩特市城市生态环境状况良好，可持续发展性较好，社会、经济、环境三者相对协调。但我们也应看到，这其中快速发展的经济起到了一定的作用，而自然资源、社会和环境也存在着众多问题：人口增长过快、人口密度不断加大，城市市内建筑与交通路网增加过快，“热岛效应”问题逐渐凸显，污染问题加重等。所以，在保证不破坏环境，实现资源合理利用，经济平稳发展，社会健康发展，依然是呼和浩特市必须长久关注的重要议题。

4.1.4.3 结论与讨论

通过对呼和浩特市城市生态环境质量现状与问题进行综合评价与分析，整合出呼和浩特市社会发展问题、经济建设问题、环境保护问题，从对三类问题的分析可知，遵循社会发展规律，践行可持续发展价值观已经成为呼和浩特市发展中的重中之重，必须采用可持续发展理念实现自然、经济、社会、环境的复合生态系统平衡，实现呼和浩特市可持续发展、绿色发展的目标。呼和浩特市今后要在水资源开发利用方面，加大对工业污水的治理和提高水资源的利用效率，改善城市居住环境；保持经济稳定发展与生态平衡，发展循环经济。

循环经济是当前时代下经济发展的必然之路，是21世纪的大战略，不仅能够在经济发展过程中实现低耗能，还能使废物和废气资源化，是可持续发展的手段，目前呼和浩特市在此方面也做了一定的工作，如垃圾分类、回收等，但成效并不明显。针对该现象，政府应加大技术性投入，使垃圾收集、处置系统化、科学化，整体提升垃圾回收及利用水平，使垃圾处理不再采用成本高、污染大的填埋和焚烧方式，而转向科学回收处置，这不仅能使城市垃圾减量，降低污染，还能够通过循环方式，使废弃资源物尽其用；加大宣传教育力度，倡导群众积极参与。人民群众是历史的创造者，群众的生态意识和环保素质不仅是城市精神文明的载体，其高水平的参与度是源头防治环境问题的基础，必须通过全民宣传、全民教育等多种方式提高群众环保意识和环保素质，大力倡导群众的积极参与，从基础上保护生态环境。

4.1.5 呼和浩特市城市环境与经济动态协调度评价

城市生态系统与自然生态系统存在较大差异，它以人为主体，以自然环境为基础，以人类生活、生产为中心，以社会经济活动为网络的复合的人工系统。城市生态环境可以反映出人类自觉或不自觉地对居住环境产生的影响，由于在城市中人类消耗自然资源和能源最多，因此城市往往也是生态环境问题最严重的区域。

近年来，呼和浩特市城镇化进程不断加快，随之而来的是巨大的城市生态系统压力，主要表现为生态环境问题越来越严重。最集中的表现为环境污染严重，尤其是大气环境，沙尘天气肆虐，TSP 浓度居高不下；水资源短缺问题日益严重，地表水受到严重污染，地下水水位不断下降；生态环境恶化等。这些问题不仅是局部问题造成的，实际上也是整个城市生态系统出现不健康状态，城市生态安全受到威胁的表现。因此，客观分析生态系统现状，优化城市规划，为呼和浩特市的生态环境保护和生态环境治理奠定理论基础。

4.1.5.1 研究方法

（1）评价指标体系构建。城市生态系统不是一个简单的个体，而是一个综合性的复杂系统，对其生态系统的评价，首先就要构建评价指标体系。但从近年来的研究成果来看，科学系统的城市生态系统评估方式和理论依然不完善。著名生态学家马世骏先生认为，整体而言，城市生态系统是以人为核心的社会系统、经济系统和生态系统在特定的地区相互作用、相互影响而构建的复合系统，也就是“社会—经济—自然复合生态系统”的概念。由此来看，在我们选定评价指标时，应遵循系统化、相对独立性、多层次化、可行性等原则，同时将各项子系统的作用及其之间的相互影响纳入考虑范围内。城市生态系统整体可分类为社会系统、经济系统、自然系统三个子系统，三个子系统的指标皆具有较强的代表性。依据这三个子系统选取了人均耕地面积、人均供水量、二氧化硫年平均值和工业废水排放达标率等 26 项评价指标，各指标说明如表 4-11 所示。

表 4-11　城市生态系统环境评价指标体系

	子系统	指标	编号	属性	指标说明
城市生态系统	自然系统	人均耕地面积（公顷/人）	X_1	+	反映出城市整体对环境的依赖程度
		人均供水量情况（t/人）	X_2	+	反映出城市整体对环境的依赖程度
		二氧化硫年平均值（mg/m^3）	X_3	-	污染排放
		工业废水排放达标率（%）	X_4	+	反映环境质量
		区域环境噪声平均值（dB）	X_5	-	体现居民居住环境
		人均污水排放量（t/人）	X_6	-	污染排放
		人均工业二氧化硫排放量（t/人）	X_7	-	污染排放
		建成区绿化覆盖率（%）	X_8	+	体现居民居住环境
		生活垃圾无害化处理率（%）	X_9	+	反映出环境质量水平
		工业固废整体利用率（%）	X_{10}	+	反映固废资源综合利用水平
	社会系统	人口自然增长率（‰）	X_{11}	-	反映城市系统中起主导作用的人的增长情况
		城市人口密度大小（人/km^2）	X_{12}	-	反映社会结构是否合理
		住房人均使用面积（m^2）	X_{13}	+	反映城市系统基础设施水平
		医院床位数（张/万人）	X_{14}	+	反映城市居民的生活保障
		从业人员（万人）	X_{15}	+	反映社会稳定性
		每万人拥有在校大学生数（人）	X_{16}	+	反映社会的受教育水平程度
		城市每万人拥有公交车辆（辆）	X_{17}	+	反映城市系统基础设施水平
		全年货运量（万 t）	X_{18}	+	反映城市系统内人流、物流和能流的流畅程度
	经济系统	人均 GDP（元/人）	X_{19}	+	反映经济发展水平
		GDP 增长率（%）	X_{20}	+	反映经济发展水平
		第三产业占国内生产总值比例（%）	X_{21}	+	反映城市产业结构
		工业总产值（亿元）	X_{22}	+	反映经济发展水平
		固定资产投资增长率（%）	X_{23}	+	反映城市发展潜力
		居民消费价格分类指数	X_{24}	+	反映经济社会发展程度
		农村居民人均纯收入（元）	X_{25}	+	反映经济社会发展程度
		城镇居民人均可支配收入（元）	X_{26}	+	反映经济社会发展程度

（2）数据来源与处理方法。数据主要来源于2000~2017年的《内蒙古统计年鉴》《呼和浩特市经济统计年鉴》和《呼和浩特市国民经济和社会发展统计公报》《呼和浩特市环境公报》等，最后采用SAS软件对数据进行标准化和主成分分析处理。其中，为了消除量纲和数量级的影响，首先对原始数据进行标准化处理，指标数据标准化后，再进行主成分分析，得到相关矩阵的特征根以及各指标的贡献率、累计方差贡献率等。一般情况下，累计方差贡献率大于85%的前k个成分已基本反映了原变量的主要信息，因此，选取前k个指标作为主成分。

将标准化后的数据代入下列公式中，求得各主成分得分。

$$F_k = C_{k1}X_1 + C_{k_2}X_2 + \cdots + C_{kp}X_p$$

其中，C_{k1}、C_{k2}、C_{kp}为第k个主成分的载荷值；X_1、X_2、X_p为标准化后的指标值。

根据各主成分的贡献率和各主成分得分利用下列公式，即得到城市生态环境系统的各年综合得分。

$$F_i = \sum_{m=1}^{k} a_m F_{im}$$

其中，F_i为i年各指标综合发展评价指数（i=1，2，…，n）；a_m为第m个主成分的贡献率（m=1，2，…，k）；F_{im}为第i年的第m个主成分得分。

4.1.5.2 协调度评价结果与分析

根据呼和浩特城市生态系统环境评价指标相关系数的特征值（见表4-12）中主成分累计方差贡献率可以看出，前两个主成分累计贡献率高达94.5%，远大于85%，其中第一主成分贡献率达到了81.4%，其包含的原有指标的信息量最多，第二主成分贡献率为13.1%，通过对前两个主成分的研究分析，发现其减少了因子数量，对原来因子信息的保留情况更好。

表4-12 呼和浩特城市生态系统环境评价指标相关系数的特征值

主成分	特征值	相邻特征值之差	方差贡献率（%）	累计方差贡献率（%）
PRIN1	21.1654	17.7647	0.814055	0.81406
PRIN2	3.4008	2.9423	0.130799	0.94485
PRIN3	0.4585	0.0769	0.017635	0.96249
PRIN4	0.3816	0.1994	0.014675	0.97716
PRIN5	0.1822	0.0203	0.007007	0.98417

续表

主成分	特征值	相邻特征值之差	方差贡献率（%）	累计方差贡献率（%）
PRIN6	0.1619	0.0708	0.006226	0.99040
PRIN7	0.0911	0.0226	0.003503	0.99390
PRIN8	0.0685	0.0314	0.002634	0.99653
PRIN9	0.0371	0.0116	0.001425	0.99796
PRIN10	0.0254	0.0146	0.000978	0.99894
PRIN11	0.0109	0.0035	0.000418	0.99935
PRIN12	0.0073	0.0013	0.000281	0.99963
PRIN13	0.0060	0.0038	0.000231	0.99987
PRIN14	0.0022	0.0014	0.000085	0.99995
PRIN15	0.0008	0.0003	0.000032	0.99998
PRIN16	0.0005	0.0005	0.000018	1.00000

从表 4-13 中的特征向量（指不同主成分中各项指标权重情况）的计算结果可以看出：第一主成分 PRIN1 中工业废水排放达标率、人均污水排放量、建成区绿化覆盖率、城市人口密度、从业人员、固定资产投资增长率相关系数较高；第二主成分 PRIN2 中人均供水量、人均住房使用面积、城镇居民人均可支配收入、人均 GDP、工业总产值、农村居民人均纯收入、全年货运量相关系数较高。

表 4-13　呼和浩特城市生态系统环境评价指标主成分特征向量

指标	编号	PRIN1	PRIN2
人均耕地面积（公顷/人）	X_1	-0.1752	0.1778
人均供水量（t/人）	X_2	0.1920	-0.2268
二氧化硫年平均值（mg/m^3）	X_3	-0.2052	0.1719
工业废水排放达标率（%）	X_4	0.2130	-0.0686
区域环境噪声平均值（dB）	X_5	-0.2050	0.1715
人均污水排放量（t/人）	X_6	-0.2072	0.1231
人均工业二氧化硫排放量（t/人）	X_7	-0.2045	0.1662
建成区绿化覆盖率（%）	X_8	0.2129	0.0562
生活垃圾无害化处理率（%）	X_9	0.2006	0.1205

续表

指标	编号	PRIN1	PRIN2
工业固废综合利用率（%）	X_{10}	-0.1943	0.1363
人口自然增长率（‰）	X_{11}	-0.2022	0.1752
城市人口密度（人/km^2）	X_{12}	0.2110	-0.1085
人均住房使用面积（m^2）	X_{13}	-0.1899	0.2500
医院床位数（张/万人）	X_{14}	0.1977	0.1400
从业人员（万人）	X_{15}	0.2119	0.0916
每万人拥有在校大学生数（人）	X_{16}	0.1976	0.1777
城市每万人拥有公交车辆（辆）	X_{17}	-0.2044	0.1780
全年货运量（万 t）	X_{18}	0.1745	0.3107
人均 GDP（元/人）	X_{19}	0.1679	0.3416
GDP 增长率（%）	X_{20}	-0.2052	0.1017
第三产业占国内生产总值比例（%）	X_{21}	0.2052	0.1417
工业总产值（亿元）	X_{22}	0.1705	0.3302
固定资产投资增长率（%）	X_{23}	-0.2075	0.0670
居民消费价格分类指数	X_{24}	0.1914	-0.0179
农村居民人均纯收入（元）	X_{25}	0.1794	0.3023
城镇居民人均可支配收入（元）	X_{26}	0.1576	0.3593

根据表 4-13 中各主成分指标的权重，将呼和浩特市 2000~2016 年各指标数据代入主成分得分公式（F_k）中，并列出前两个主成分 PRIN1、PRIN2 的表达式，计算得出呼和浩特城市生态系统前两个主成分得分，即

$$PRIN1=-0.1752\times1+0.1920\times2-0.2052\times3+0.2130\times4-0.2050\times5-0.2072\times6-0.2045\times7+0.2129\times8+0.2006\times9-0.1943\times10-0.2022\times11+0.2110\times12-0.1899\times13+0.1977\times14+0.2119\times15+0.1976\times16-0.2044\times17+0.1745\times18+0.1679\times19-0.2052\times20+0.2052\times21+0.1705\times22-0.2075\times23+0.1914\times24+0.1794\times25+0.1576\times26$$

$$PRIN2=0.1778\times1-0.2268\times2+0.1719\times3-0.0686\times4+0.1715\times5+0.1231\times6+0.1662\times7+0.0562\times8+0.1205\times9+0.1363\times10+0.1752\times11-0.1085\times12+0.2500\times13+0.1400\times14+0.0916\times15+0.1777\times16+0.1780\times17+0.3107\times18+0.3416\times19+0.1017\times20+0.1417\times21+0.3302\times22+0.0670\times23-0.0179\times24+$$

0. 3023×25+0. 3593×26

最后将各主成分得分和贡献率分别代入主成分综合得分公式（F_i）中，通过这种方式计算得出城市生态环境系统历年的综合得分情况。表 4-14 的计算结果是呼和浩特市城市生态系统各项主成分分值及综合分值，能够直观地看出呼和浩特市 2000~2016 年城市生态系统发展趋势。

表 4-14　生态系统各主成分得分及综合得分

年份	第一主成分得分	第二主成分得分	综合得分
2000	-0. 7664	0. 9411	-0. 5005
2001	-0. 5601	0. 6752	-0. 3675
2002	-0. 7193	0. 8770	-0. 4706
2003	-0. 5174	1. 1518	-0. 2703
2004	-0. 0625	1. 1075	0. 0942
2005	0. 1931	1. 2196	0. 3170
2006	0. 5761	1. 2837	0. 6371
2007	0. 7013	1. 4727	0. 7638
2008	0. 8508	1. 8152	0. 9304
2009	0. 4266	1. 9978	0. 6090
2010	0. 5882	2. 2128	0. 7687
2011	1. 1999	2. 1481	1. 2581
2012	1. 1378	2. 5320	1. 2579
2013	1. 1998	2. 7990	1. 3433
2014	1. 5087	2. 6644	1. 5771
2015	1. 0466	3. 1665	1. 2667
2016	1. 0022	3. 3869	1. 2595

从图 4-7 可以看出，在研究的时间范围内，呼和浩特城市生态系统主成分综合得分起伏较大，但总的来看，整体呈上升趋势。2000~2008 年城市生态系统综合得分呈明显上升趋势，2009 年出现明显下降，此后开始上升，2014 年达到最高值，在 2015 年、2016 年又出现了下降。总体来看，虽然 2000~2016 年呼和浩特城市生态系统主成分综合得分起伏较为明显，但总体呈显著上升趋势。

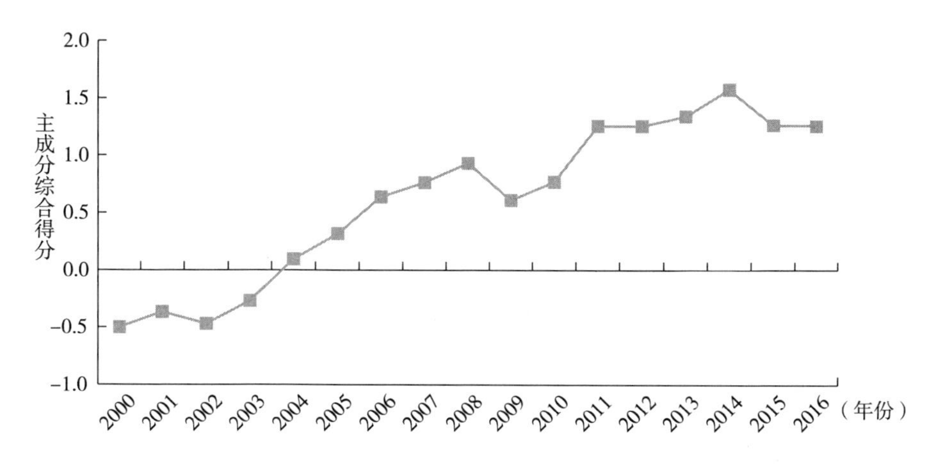

图 4-7　2000~2016 年呼和浩特城市生态系统发展趋势

进入 21 世纪以来，呼和浩特市紧紧围绕建设现代化首府城市的总体目标，牢牢抓住国家扩大内需、实施西部大开发战略以及“丝绸之路经济带”建设的历史机遇，全面组织实施“三大系统工程”，有力地推动了国民经济持续快速发展和社会各项事业全面进步。但由于城市基础条件比较薄弱，生态环境较为脆弱，工业经济结构不合理等原因的存在，使得在 2002 年其城市生态系统综合得分出现了明显下降。此后的几年时间，是其经济社会发展非常关键的时期，全市全力加快工业化、城市化、信息化进程，圆满地实现了各项预期目标，城市生态系统综合得分开始呈现上升趋势。但由于呼和浩特市城市化进程的加快的同时，人口剧增，城市功能布局不合理，土地利用结构不合理，环境污染的防治治理滞后等一系列问题的出现，其城市生态系统综合得分出现了明显下降，这亦暴露了呼和浩特市在城市快速发展中所面临的问题。问题出现后，呼和浩特市开始注重资源的合理利用，在保护环境的基础上，促进社会和经济水平的稳步提高，国民经济实现了速度加快、结构优化、效益改善、质量提高、活力增强的良好局面，社会各项事业得到全面进步，人民生活水平继续提高，其城市生态系统开始呈现出了良好的发展态势。

4. 1. 5. 3　结论与讨论

（1）城市自然环境系统评价指标。对自然环境系统的构成要素进行主成分分析可以看出，人均耕地面积、人均供水量、工业固废综合利用率、工业废水排放达标率、人均污水排放量、建成区绿化覆盖率、生活垃圾无害化处理率和二氧化硫年平均值这八个指标的得分对城市生态环境得分贡献很大，可见这些指标对于呼和浩特城市生态环境得分有密切关联。因此，在改善城市生态环境的建设工作中，加强这些关键要素的建设和改善力度，将对城市生态环境质量的提高起到巨大的推动作用。

（2）城市生态系统环境质量现状。城市生态系统作为一个复合的人工生态系统，随着社会、经济、自然的不断发展，其也在不断地演化中。2000~2008 年，呼和浩特城市生态系统主成分综合得分总体呈缓慢上升趋势，但中间有较大起伏。这主要是由于从 2001 年开始，呼和浩特进行了大规模的城市改造建设，建成区面积由 2000 年的 83 平方千米扩展为目前的 154 平方千米，拓展了城市发展空间，扩大了城市容量。而呼和浩特市城市生态系统的其他一些正项指标却呈现出下降的趋势，如医院床位数、生活垃圾无害化处理率、城市每万人拥有公交车辆、固定资产投资增长率、建成区绿化覆盖率等，而即使没有下降的指标与城市化的快速发展相比，也处于相对滞后状态。进入 2003 年，情况有所好转，生态系统各主成分出现了上升的态势，但在 2009 年又出现了显著的下降，这主要还是由于城市化发展迅速，使城市生态环境的压力增大。2011 年以后，呼和浩特城市生态系统综合得分呈现出了与前期相比较明显的上升趋势，这主要是由于呼和浩特市加大了对城市生态环境保护和建设的投入，使城市生态环境的质量得到了很大改善。总体而言，近几年呼和浩特城市系统综合评分总体呈显著上升趋势，而其所面临的生态环境压力亦在增大，作为西北干旱区的主要城市之一，呼和浩特城市生态系统所面临的问题不容乐观，如快速增长的人口、环境污染、水资源短缺以及交通问题等。此外，由于呼和浩特市环境本底脆弱、基础设施建设相对滞后、产业结构不合理、经济增长点欠缺等问题依然突出，因此，如何在大力推进新型城镇化建设的过程中，协调自然、社会与经济之间的关系依旧是今后面临的主要挑战。

（3）构建呼和浩特市环境与经济协调发展的机制。城市生态系统是个复杂的系统，构成因素较多且相互影响，但彼此难以替代。因此，改善城市环境质量需要加强宏观规划，综合治理，才能实现城市的自然、社会和经济的持续协调发展。鉴于呼和浩特城市生态系统环境现状，未来促进环境与经济系统向优质协调方向发展，既不能采取经济零增长方式甚至停滞经济的发展，更不能以牺牲破坏环境，浪费资源为代价来获取某时的经济增长，必须以环境、社会、经济各子系统内部优化为基础，构建呼和浩特市环境与经济协调发展的机制，谋求系统间的优化，实现系统整体的协调发展。首先，利用环境—经济—社会反馈机制，采用宏观调控来实现生态环境与经济持续协调发展。政府应通过制定相关产业政策，加大执法力度，并建立以生态资源供给为基础的经济增长机制。其次，建立产业结构优化机制，以提升产业层次，优化经济布局，目前呼和浩特市的第三产业发展薄弱，产业结构不合理等仍比较突出，为此须以科技为先导，以合理利用资源为前提，加快产业结构调整与优化的步伐。此外，应制定科学的生态城市发展规划，在全面了解城市生态系统环境现状的基础上，对前期规划进行审核和修正；规划中应采用全新的空间规划模式和适用模式；选用合适的能源和原材料系统，将生态技术应用于具体的工程项目，采用新的交通和基础设施模式。最后，可从持续发展的角度出发制定控制策略。

4.2 鄂尔多斯市城市生态环境与生态安全

4.2.1 鄂尔多斯市概况

4.2.1.1 自然环境概况

（1）地理位置。鄂尔多斯市是内蒙古自治区下辖的一个重要地级资源型城市，坐标：北纬 37°35′—40°51′，东经 106°42′—111°27′。位于内蒙古西南部的河套平原，三面黄河环绕，向西向南紧邻晋陕宁，是西北连接呼和浩特市、包头市、巴彦淖尔市、乌海市、阿拉善盟、宁夏回族自治区、山西省的重要纽带。

（2）地形地貌。鄂尔多斯市位于内蒙古高原，地势西北高东南低，地形情况也较为复杂，地貌类型呈现多样化的特点，根据地貌特点主要划分为五种：高原占城市总面积的 28.8%、毛乌素沙地占城市总面积的 28.8%、库不齐沙漠占城市总面积的 19.2%、山地丘陵占城市总面积的 18.9%、平原占城市总面积的 4.3%。

（3）气候。鄂尔多斯市气候为半干旱的大陆性气候，全年温差变化较大，年均气温 6.2℃，有记录以来的最高气温 38℃，最低气温-31.4℃。气候干燥，多风，主要为西风及西北风。全年降水量小，年均降水 348 毫米，降水主要集中在 7~8 月，占全年降水量的 70%。年均蒸发量 2506 毫米，约是降水量的 7 倍。

（4）矿产资源。鄂尔多斯市矿产资源丰富，且储量大，目前已探明及具有开采价值的矿产资源有 12 类 35 种，以煤炭资源储量为最优，然后是天然气资源，其储量为 1880 亿立方米，储量约占全国天然气储量的 1/3。作为核原料的稀土高岭土储量占全国的比例为 1/2。

4.2.1.2　社会经济概况

鄂尔多斯市域面积为 8675 平方千米，辖 2 区 7 旗。2018 年末，全市常住人口数量 207 万，其中城镇人口数量 153 万，农村人口数量 54 万，城镇化比例达到 74%。2018 年全市 GDP 共计 3579.8 亿元，环比增长 5.8%。从产业分类来看，第一、第二、第三产业的比例为 3∶53∶44。

4.2.2　资源开发利用对鄂尔多斯市生态环境的影响

鄂尔多斯市作为内蒙古主要的资源型城市，因资源而发展，矿产资源丰富，具有明显的资源型城市特征。在经济发展过程中，资源的开发和利用占据主导，所以在促进鄂尔多斯经济繁荣的同时，也带来了较多的环境问题和生态破坏，这些问题的存在，一方面导致生态系统破坏，自然环境恶化；另一方面也在很大程度上影响了居民生活质量，严重阻碍了城市的可持续发展。在众多的问题中，尤其以煤炭的开发和利用，造成的破坏尤为严重，带来了金山银山，却没有了绿水青山。图 4-8 体现出煤炭开发利用过程中，对环境造成的影响。

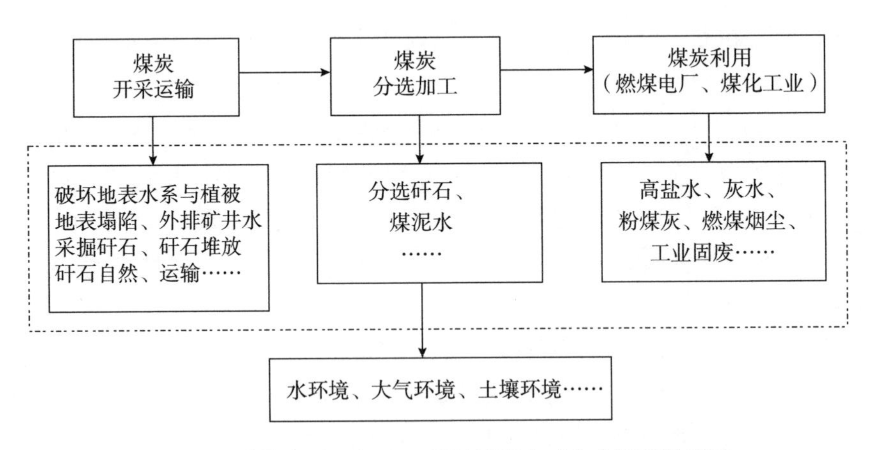

图 4-8　煤炭开采、加工、利用过程中对生态环境的影响

4.2.2.1　资源开发利用所带来的生态环境问题

（1）对水环境的影响。鄂尔多斯市由于气候及地质等原因，水资源非常匮乏。鄂尔多斯市是内蒙古自治区内占地面积较大的城市。鄂尔多斯市域内的季节性河流较多，季节分配不均，年均径流量约为 13.1 亿立方米。黄河作为母亲河，流经鄂尔多斯市的长度为 728 千米，流域面积共计 6 万平方千米，主要流经的区域是中部和西部。鄂尔多斯全市的水资源总量 29 立方米，分为地下水和地表水，其中，地表水年均径流量 11.2 亿立方米，地下水资源储量 18 亿立方米，人均水资源供给量为 0.2 万立方米，这与全国人均供水量相比，呈现低水平且分配不均的特点，在部分牧区，牧民用水困难。鄂尔多斯市水资源匮乏和分配不均由来已久，人均供给量少，且东西部分配不均衡，如东胜区的人均供水量是乌审旗人均供水量的 15 倍。但是，因其水资源开发的潜力不足，年均蒸发量大，导致其水资源承载力较低，再加之矿产资源的开发利用导致的污染和生态破坏，使自然环境进一步恶化。

一般而言，开采矿产资源主要在以下两方面影响水资源：首先是破坏地表水系和地下储水层。矿产资源的开采，需要对地下水进行疏干，这必然会导致地下水位的降低，含水系统的边界外移，造成地表植被干枯衰竭，从而引发沙漠化等问题。其次是污染地表水系和地下水。矿山的开采会导致矿物质渗入水系中，再加上保护不当，易形成酸性水等污水，这些污水会随着雨水流入地下水和地表水系中，对水资源造成严重的污染。目前，我国因开采矿产资源产生的废水，排放量大且净化难度大，其排放量占全国工业废水总量的 10%，而有效处理率却不足 4.5%。

而对水资源的污染、浪费和破坏，以及对水资掘的过度开发所造成的地下水位下降等情况更是加重了这种态势。因此，现在鄂尔多斯市一方面要面临资源性缺水，另一方面又要面临水质性缺水。作为煤炭资源非常丰富的西部城市，鄂尔多斯市能够吸引大量的煤化工企业进驻，政府的大力引入政策，也在较大程度上增加了鄂尔多斯的 GDP。但在促进鄂尔多斯经济快速发展的同时，也带来了环境问题和生态问题，造成了环境的污染，水污染情况尤为严重，这些发展中的瓶颈问题，也是世界级科学难题。此外，在仓储和生产过程中，因保存、储运不科学，导致原料、成品、半成品等不同程度的污染。循环利用后产生的大量高浓度盐水目前尚无根本性的解决方案，普遍采用晾晒池蒸发处理，存在风险隐患。2016 年，鄂尔多斯市工业废水排放量 3640.63 万吨，化学需氧量排放量 2651.64 吨，氨氮排放量 188.5 吨，废水治理设施数 242 套，废水治理设施处理能力 83.07 万吨/天，废水治理设施运行费用 64544.5 万元。

（2）对大气环境的影响。2016 年，鄂尔多斯市煤炭消费总量达 7807.5 万吨，工业废气排放总量 49057422.82 万标准立方米，SO_2排放量为 57517.86 吨，氮氧化物排放量 60872.2 吨，烟（粉）尘排放量 45699.1 吨。

矿产资源开采尤其是对露天矿山的开采，对空气造成的污染是最严重的。露天煤矿煤层浅，基本从地表就可以开采，主要开采方式是对表土、基岩和煤层进行穿孔、爆破，无论是其粉碎还是装载、运输过程，都会形成大量的粉尘、小颗粒，尤其是处于干旱地区的鄂尔多斯市，在风力的作用下会造成较严重的扬尘天气或沙尘暴。同时，采矿时还会不同程度地释放瓦斯气体，采出的矿石中，若存在矸石山，操作不当还将导致矸石山自燃，所产生的一氧化碳、二氧化硫等有毒气体会随风扩散，严重影响人的身体健康。此外，在井工矿开采中，除少量从井下抽放利用外，矿井瓦斯一般被作为有害气体排入大气。

烟粉尘、二氧化硫、氨气等大气污染物会对当地环境质量产生压力，挥发性有机物对局域环境具有突出毒性影响。二氧化碳气体排放量较多，以煤制油为例，其生产与使用，二氧化碳的排放量远高于炼油生产，大约为其的 4 倍，每吨煤制产品油排放 9~12 吨二氧化碳，而使用普通石油炼制的产品油每吨排放二氧化碳约 3 吨。因此，煤制油将造成大量的二氧化碳排入大气，进而加剧温室气体效应，对气候的稳定和可持续发展带来极其不利的影响。

（3）对土壤环境的影响。矿产资源开采不仅会污染水资源，污染大气，还会破坏土壤结构，造成严重的土壤污染。对于矿产资源的开采，往往需剥离排土，这不仅会破坏土壤表层，损坏地表植被，还会影响土壤土质，改变地貌，引发生态景观的破坏。同时，矿产资源的不科学开采，还会造成地面沉降和地表裂缝、塌陷。鄂尔多斯市矿产资源丰富且埋藏浅，许多资源尤其是煤矿资源都是露天开采，导致了区域的水土流失和土地盐碱化、荒漠化情况不断加剧。神府东胜煤田及准格尔矿区是鄂尔多斯两大主要矿区，因资源的过度开采，导致两个区域成为黄河中游水土流失、土壤污染最严重地区，水土流失也成了这两个区域最严重的环境问题。据统计，神府东胜矿区自开采以来，水土流失面积已经达到了 605 平方千米。2000 年以来，无论是国营企业、集体企业，还是个体企业，蜂拥而至鄂尔多斯市，采用传统的采挖方式，掠夺性开采矿产资源，导致弃土、弃渣遍地，工业和生活固体废弃物中的岩矸、煤矸石、粉煤灰、煤泥和城市生活垃圾等堆放侵占农田、污染土壤环境、毁坏地表植被、破坏生态平衡。

4.2.2.2 城市生态环境问题产生的动因

（1）注重经济发展，忽视生态价值。在人类社会经济发展的过程中，自然环境与社会经济的关系经历了三种模式：第一种是保护环境让路于发展经济；第二种是发展经济受制于保护环境；第三种是保护环境与发展经济协调同步进行。在大多数情况下，第三种模式选择的可能性小，第二种模式会因社会文明与进步的不够而产生冲突，人们转而选择第一种模式，即以牺牲资源、环境来换取经济的快速发展。

尤其是在我国社会主义发展的初级阶段，经济发展是第一要务。企业为追求经济效益，降低生产成本，缺乏社会责任意识，在开发利用方面，一味追求高产、高效，重视开采、轻视加工，重视开发、轻视保护。再加上对矿产资源过度采挖，储存不当，使矿产资源的储量急剧下降，消耗速度也大大加快，而对环境的污染和破坏也越发加重。

近年来，对于过度开采矿产资源所造成的资源浪费，生态破坏问题，鄂尔多斯市各级部门已有所重视，也采取了一系列行之有效的措施，取得了显著的效果，如制定了《农药包装废弃物回收处理管理办法（试行）》《鄂尔多斯市水污染防治工作实施方案（2016—2020）》，举办重点行业挥发性有机物泄漏检测与修复培训班，加强环境监测与管理等。然而，生态环境问题仍然比较严重。主要原因包括以下几个方面：一是生态环境本底脆弱，环境承载力较低，易受人为活动扰动。二是经济与生态平衡发展的理论宣传不到位，导致工矿企业无视法律法规，群众保护生态环境和资源的意识淡薄。三是在资源开发利用中，许多企业和领导干部为追求效益，置环境保护法律法规于不顾，拒绝执行国际的环境保护政策。四是政府无科学的长远规划，可持续性的政策出台较慢。五是环保投入很少，特别是旗县个体煤矿和煤炭加工、运输等企业几乎没有环保投入。

（2）管理保障制度体系不完善。目前，我国的矿业管理体制不完善，主要体现在以下两点：首先是探矿权与采矿权相分离，对于煤炭资源的勘测、开采与审批权限，主要是依据储量多少，由国家和省国土资源部进行分离审批；其次是经营权和开发监督管理权相分离，煤炭企业的生产与经营，主要是由省煤炭的生产主管部门进行统一管理，本地政府无权参与对其管辖区的资源分配，发言权也是微乎其微，这就导致了矿区的规划不合理，地方的无法有效使用监督权，对采矿企业进行统一管理。

此外，鄂尔多斯市在经济发展模式过度依赖于资源优势，经济的抗风险能力较弱，而随着资源的逐渐枯竭或资源市场的低迷，鄂尔多斯市将可能面临“矿竭城衰”、环境污染、生态破坏、人员流失以及产业转型等一系列问题。以上问题的发生，就是因为其制度不完善以及相关法律法规不健全。

（3）产业结构不合理。鄂尔多斯市为典型的资源型城市，其产业结构也相对单一，资源产业既是主导产业，也是其经济发展的支柱产业，导致鄂尔多斯经济的发展承受风险的能力低。首先是矿业产业的比重较大，城市的经济发展，更多的是依赖采掘行业，尤其是从煤炭的开采和利用来说，少部分用来发电，大部分依然是以低加工的单纯资源输出。其次是矿产加工与转化能力不足，煤炭的加工链很长且多样，鄂尔多斯市未就煤炭资源优势进行深加工，优势发挥不足，依然是产业链的最低端。再次是政府缺乏科学的可持续的煤化工产业规划，目前鄂尔多斯市内的煤化工企业普遍存在规模小、布局分散、技术水平不足等问题，这导致了产业集中度低，集聚效应不明显，初级产品多，高级产品少，无法集中优势发挥污染的治理和防治。最后是缺乏针对煤炭资源型城市的环保产业，目前以云计算、无人机、新能源发电等为主的国家高新技术企业总数大约有40家，但还未产生明显的经济效益和社会效益，产业转型仍然处于初级发展阶段。

4.2.3 鄂尔多斯市生态环境影响评价与调控

目前，城市生态环境问题越来越受到人们的关注，而城市作为一类典型的社会—经济—自然复合生态系统，它的三个子系统（自然系统、经济系统和社会系统）之间相互影响、相互制约、相互补充和相互协调。生态环境良好的城市，应该是一个功能高效、结构合理、协调耦合的生态系统。而资源型城市生态系统又具有特殊性，具有明显的复杂性、脆弱性、生态敏感性和异质性，其各子系统间的“共振”关系亦表现得更为显著。作为依托采掘和利用资源而形成和发展起来的一种城市类型，在发展初期，这类城市能够快速吸引大量的人口和资金涌入，从而在很短的时间内就会获得快速的发展，随着资源储量的减少或其他客观因素的影响，此后，可能会出现资源枯竭、经济衰退、经济下滑、生态破坏以及人口流失等问题。

本案例以西部生态脆弱区的资源型城市鄂尔多斯市为研究对象，对其城市生态环境进行评价与分析，量化地认识鄂尔多斯市城市生态环境态势，并在此基础上建立城市生态环境安全调控管理机制。可使其避免走其他衰败资源型城市的老路，对鄂尔多斯市提升可持续发展能力和其生态文明建设具有十分重要的意义。同时，也为鄂尔多斯市城市生态环境质量的改善、城市生态环境质量治理措施以及今后城市可持续发展战略的制定提供了科学的理论依据。

4.2.3.1　研究方法

（1）评价指标体系的建立。城市生态系统作为一个复杂的综合人工系统，评价指标体系的建立是其城市生态环境影响评价的前提。而对资源型城市生态环境影响的衡量与评价，其指标要能反映出该区域生态环境影响状态及特征的度量信息，而由其构成的指标体系则应能综合反映资源开发利用对生态环境的影响数量和质量状况，使建立的指标体系能够对城市生态环境进行准确的、客观的评价。

由于资源型城市生态系统结构复杂、层次多变，各子系统间的“共振”关系十分紧密，某一元素、某个层次或某子系统的改变都将可能导致整个系统发生质的变化，因此，在选取评价指标时必须遵循科学性、完备性、简明性、层次性、动态性、独立性和可操作性等原则，充分考虑各个元素、层次和子系统的作用及它们之间的相互作用，全面涵盖系统的作用范围。

根据资源型城市的特点和规律，并借鉴已有指标体系的研究经验和成果，本案例采用的是一套逐级叠加、逐层递归的综合评价指标体系。具体由“城市生态质量指数”“城市环境质量指数”“城市环境治理指数”三个判定准则。这三个判定准则又分别由社会、经济与环境三个子系统的22项具体评价指标来构成。如表4-15所示。

表4-15　资源型城市生态环境影响评价指标体系

目标（A）层	准则（B）层	领域（C）层	指标（D）层	单位
资源型城市生态环境影响度（A）	城市生态质量指数 B_1	土地资源 C_1	人均耕地面积 D_1	公顷
			人均土地面积 D_2	公顷
			人均公共绿地面积 D_3	m^2
		森林绿地 C_2	建成区绿地率 D_4	%
			建成区绿化覆盖率 D_5	%
		人居生活 C_3	人均道路面积 D_6	m^2
			区域人口密度 D_7	人/ km^2
			人均日生活用水量 D_8	L

续表

目标（A）层	准则（B）层	领域（C）层	指标（D）层	单位
资源型城市生态环境影响度（A）	城市环境质量指数 B_2	工业污染 C_4	工业 SO_2 排放量 D_9	万吨
			工业废水排放量 D_{10}	万吨
			工业固体废物产生量 D_{11}	万吨
			烟尘排放量 D_{12}	万吨
		生活污染 C_5	生活垃圾清运量 D_{13}	万吨
			粪便清运量 D_{14}	万吨
	城市环境治理指数 B_3	煤炭污染 C_6	煤炭消费总量 D_{15}	万吨
		工业治理 C_7	工业 SO_2 去除量 D_{16}	万吨
			工业废水排放达标率 D_{17}	%
			工业固体废物综合利用率 D_{18}	%
		环保投资 C_8	城市环境保护财政支出 D_{19}	万元
		城市治理 C_9	生活垃圾（粪便）处理量 D_{20}	万吨
			生活垃圾处理率 D_{21}	%
			污水处理率 D_{22}	%

（2）数据来源与处理方法。数据主要来源于2003~2017年的《鄂尔多斯统计年鉴》《鄂尔多斯市国民经济和社会发展统计公报》《鄂尔多斯市环境质量公报》和《内蒙古统计年鉴》等，采用主成分分析法评估模型，具体数据处理分析采用SAS软件进行。计算公式及步骤如下：

数据标准化处理采用级差法，其中正向指标（如人均耕地面积）的标准化公式如下：

$$D_{ij}=\frac{X_{ij}-\min X_{ij}}{\max X_{ij}-\min X_{ij}}$$

负向指标（如“工业 SO_2 排放量”）的标准化公式如下：

$$D_{ij}=1-\frac{X_{ij}-\min X_{ij}}{\max X_{ij}-\min X_{ij}}$$

其中，X_{ij} 表示第i个样本的第j个评价指标的原始数据；D_{ij} 表示相应的无量纲化处理后的值。

将标准化后的数据代入下列公式中，求得各主成分得分。

$$F_k^i = h_{k1}D_1 + h_{k2}D_2 + \cdots + h_{kp}D_p$$

其中，h_{k1}、h_{k2}、h_{kp}为第 k 个主成分的权重值；D_1、D_2、D_p为标准化后的指标值，F_k^i为各主成分得分。

将各主成分的贡献率和各主成分得分代入公式，即得到城市生态环境系统的各年综合得分。

$$F_i = \sum_{j=1}^{k} a_j F_{ij}$$

其中，F_i为各子系统发展水平值；a_j为第 j 个主成分的贡献率（j=1，2，…，k）；F_{ij}为第 i 年的第 j 个主成分得分。

最后，利用下列公式求得城市生态环境影响的总水平值。

$$F = \sum_{i=1}^{3} w_i F^i$$

其中，F 为城市生态环境影响的总水平；w_i为第 i 个子系统的评估权重，且有 $\sum w_i = 1$；F^i为第 i 个子系统的发展水平值。

4.2.3.2 结果分析

采用主成分分析法，当主成分的累计方差贡献率达到 85%以上时，则前几个主成分就可以反映出原来变量信息的新的综合变量，并可以简化数据，因此只需对这几个主成分进行讨论分析即可。依据表 4-16 中各相关系数阵的主成分贡献率分析结果可以看出：三个相关系数阵城市生态质量指数 B_1、城市环境质量指数 B_2和城市环境治理指数 B_3的前 1 个、前 4 个和前 3 个主成分的累计方差贡献率分别为 89.41%、89.53%和 89.2%，因此分别选取各相关系数阵的前 1 个、前 4 个和前 3 个主成分进行分析探讨即可。

表 4-16 鄂尔多斯城市生态系统环境影响评价指标的相关系数阵的特征值与方差贡献率

相关系数阵	主成分	特征值	相邻特征值之差	方差贡献率（%）	累计方差贡献率（%）
城市生态质量指数 B_1	PRIN1	7.15257	6.55135	0.894071	0.89407
	PRIN2	0.60122	0.49284	0.075153	0.96922
	PRIN3	0.10838	0.03603	0.013548	0.98277
	PRIN4	0.07235	0.01889	0.009044	0.99182

续表

相关系数阵	主成分	特征值	相邻特征值之差	方差贡献率（%）	累计方差贡献率（%）
城市生态质量指数 B_1	PRIN5	0. 05346	0. 04379	0. 006683	0. 99850
	PRIN6	0. 00967	0. 00801	0. 001209	0. 99971
	PRIN7	0. 00166	0. 00098	0. 000207	0. 99992
	PRIN8	0. 00068	0. 00000	0. 000085	1. 00000
城市环境质量指数 B_2	PRIN1	2. 93127	1. 50022	0. 418753	0. 41875
	PRIN2	1. 43105	0. 27091	0. 204435	0. 62319
	PRIN3	1. 16013	0. 41572	0. 165733	0. 78892
	PRIN4	0. 74441	0. 37360	0. 106344	0. 89527
	PRIN5	0. 37081	0. 04270	0. 052972	0. 94824
	PRIN6	0. 32811	0. 29387	0. 046872	0. 99511
	PRIN7	0. 03423	0. 00000	0. 004890	1. 00000
城市环境治理指数 B_3	PRIN1	4. 61356	3. 59242	0. 659080	0. 65908
	PRIN2	1. 02114	0. 41219	0. 145877	0. 80496
	PRIN3	0. 60895	0. 25035	0. 086992	0. 89195
	PRIN4	0. 35860	0. 17489	0. 051228	0. 94318
	PRIN5	0. 18370	0. 03317	0. 026244	0. 96942
	PRIN6	0. 15054	0. 08702	0. 021505	0. 99093
	PRIN7	0. 06352	0. 00000	0. 009074	1. 00000

依据各主成分指标的权重值（见表 4-17），再将鄂尔多斯市 2003～2016 年各指标标准化后的数据代入主成分得分公式中，并分别列出各主分量的评价函数表达式，求得各主成分得分，即城市生态质量主分量评价函数：

$$PRIN1 = -0.358676D_1 - 0.359345D_2 + 0.367779D_3 + 0.362721D_4 + 0.358785D_5 + 0.364885D_6 + 0.363264D_7 + 0.285597D_8$$

城市环境质量主分量评价函数：

$$PRIN1 = 0.448930D_1 + 0.031529D_2 - 0.455816D_3 + 0.379729D_4 + 0.426613D_5 + 0.098826D_6 - 0.503726D_7$$

$$PRIN2 = 0.190359D_1 + 0.581463D_2 + 0.441140D_3 + 0.475813D_4 +$$

$0.223087D_5-0.247622D_6+0.305904D_7$

$PRIN3 = 0.321344D_1 + 0.264140D_2 + 0.079006D_3 + 0.010820D_4 - 0.358995D_5+0.825959D_6+0.097591D_7$

$PRIN4 = 0.268086D_1 - 0.759258D_2 + 0.290922D_3 + 0.328778D_4 + 0.160469D_5+0.136113D_6+0.338601D_7$

城市环境治理主分量评价函数：

$PRIN1 = 0.433879D_1 + 0.366432D_2 - 0.274632D_3 + 0.405527D_4 + 0.313422D_5+0.386492D_6+0.435882D_7$

$PRIN2 = -0.120020D_1 + 0.171837D_2 + 0.731493D_3 - 0.345400D_4 + 0.325663D_5+0.413821D_6+0.156142D_7$

$PRIN3 = 0.099437D_1 + 0.529217D_2 + 0.148348D_3 - 0.017807D_4 - 0.811371D_5+0.171433D_6-0.002431D_7$

表 4-17 鄂尔多斯城市生态系统环境影响评价指标主成分特征向量

评价指标	PRIN1	PRIN2	PRIN3	PRIN4
人均耕地面积 D_1	-0.358676	—	—	—
人均土地面积 D_2	-0.359345	—	—	—
人均公共绿地面积 D_3	0.367779	—	—	—
建成区绿地率 D_4	0.362721	—	—	—
建成区绿化覆盖率 D_5	0.358785	—	—	—
人均道路面积 D_6	0.364885	—	—	—
区域人口密度 D_7	0.363264	—	—	—
人均日生活用水量 D_8	0.285597	—	—	—
工业 SO_2 排放量 D_9	0.448930	0.190359	0.321344	0.268086
工业废水排放量 D_{10}	0.031529	0.581463	0.264140	-0.759258
工业固体废物产生量 D_{11}	-0.455816	0.441140	0.079006	0.290922
烟尘排放量 D_{12}	0.379729	0.475813	0.010820	0.328778
生活垃圾清运量 D_{13}	0.426613	0.223087	-0.358995	0.160469
粪便清运量 D_{14}	0.098826	-0.247622	0.825959	0.136113
煤炭消费总量 D_{15}	-0.503726	0.305904	0.097591	0.338601
工业 SO_2 去除量 D_{16}	0.433879	-0.120020	0.099437	—

续表

评价指标	PRIN1	PRIN2	PRIN3	PRIN4
工业废水排放达标率 D_{17}	0. 366432	0. 171837	0. 529217	—
工业固体废物综合利用率 D_{18}	-0. 274632	0. 731493	0. 148348	—
城市环境保护财政支出 D_{19}	0. 405527	-0. 345400	-0. 017807	—
生活垃圾（粪便）处理量 D_{20}	0. 313422	0. 325663	-0. 811371	—
生活垃圾处理率 D_{21}	0. 386492	0. 413821	0. 171433	—
污水处理率 D_{22}	0. 435882	0. 156142	-0. 002431	—

运用综合得分公式，代入各相关系数阵的主成分贡献率和各主成分得分，即得到城市生态环境系统的各年综合得分，计算结果如表 4-18 所示。最后再利用熵技术修正 AHP 法获得的评估权系数进行加权计算，并依据各年综合得分，利用总水平值公式，最终求得各年城市生态环境影响的总水平值，计算结果如图 4-10 所示。并根据各年的综合得分和总水平值绘制出 2003~2016 年鄂尔多斯城市生态系统各子系统发展趋势和生态环境影响发展水平（见图 4-9、图 4-10）。

表 4-18　各年城市生态系统各主成分得分及综合得分

子系统	年份	第一主成分得分	第二主成分得分	第三主成分得分	第四主成分得分	综合得分
城市生态质量指数 B_1	2003	-0. 26921	—	—	—	—
	2004	-0. 07029	—	—	—	—
	2005	-0. 00103	—	—	—	—
	2006	-0. 08604	—	—	—	—
	2007	-0. 00746	—	—	—	—
	2008	0. 243241	—	—	—	0. 217457
	2009	0. 487245	—	—	—	0. 435597
	2010	0. 639867	—	—	—	0. 572041
	2011	0. 886593	—	—	—	0. 792614
	2012	1. 190347	—	—	—	1. 06417

续表

子系统	年份	第一主成分得分	第二主成分得分	第三主成分得分	第四主成分得分	综合得分
城市生态质量指数 B_1	2013	1. 405971	—	—	—	1. 256938
	2014	1. 620739	—	—	—	1. 448941
	2015	1. 65735	—	—	—	1. 481671
	2016	1. 692142	—	—	—	1. 512775
城市环境质量指数 B_2	2003	0. 208264	1. 826633	1. 076996	0. 616679	0. 70397
	2004	-0. 66154	1. 041089	1. 250251	0. 172727	0. 160769
	2005	-0. 34985	0. 620949	0. 570556	0. 701001	0. 149197
	2006	-0. 40968	0. 684957	0. 43811	0. 755396	0. 121022
	2007	0. 003909	1. 508915	0. 561482	0. 51722	0. 457517
	2008	0. 179202	1. 237931	0. 819327	0. 739611	0. 542068
	2009	0. 263205	1. 81628	0. 116536	0. 383091	0. 540859
	2010	0. 38879	0. 996735	0. 391026	0. 658279	0. 50105
	2011	0. 284669	0. 555712	0. 242892	0. 530659	0. 329332
	2012	0. 419282	1. 085679	0. 530265	-0. 17111	0. 466841
	2013	0. 73641	1. 04843	0. 764465	0. 044696	0. 653884
	2014	0. 737558	0. 902311	0. 720227	0. 133221	0. 62664
	2015	1. 060756	0. 807083	0. 678357	0. 376589	0. 761576
	2016	1. 228325	0. 818837	0. 804746	0. 823396	0. 90265
城市环境治理指数 B_3	2003	0. 353814	0. 226204	0. 377284	—	0. 29901
	2004	0. 014567	0. 437118	-0. 01915	—	0. 071701
	2005	0. 244482	0. 627138	0. 312354	—	0. 279792
	2006	0. 424364	0. 872004	0. 191228	—	0. 423533
	2007	0. 475908	1. 273056	-0. 02773	—	0. 496963
	2008	0. 866601	1. 179132	0. 716369	—	0. 805488
	2009	0. 606451	1. 079472	0. 429102	—	0. 594501
	2010	1. 199513	1. 343615	0. 420836	—	1. 02319

续表

子系统	年份	第一主成分得分	第二主成分得分	第三主成分得分	第四主成分得分	综合得分
城市环境治理指数 B_3	2011	1. 299463	1. 195845	0. 252572	—	1. 052871
	2012	1. 782476	0. 9357	-0. 0821	—	—
	2013	1. 815816	0. 829402	-0. 10596	—	—
	2014	1. 857928	0. 552627	0. 301319	—	—
	2015	2. 15409	0. 438947	0. 352502	—	1. 5120
	2016	2. 119753	0. 514099	0. 370443	—	1. 3903

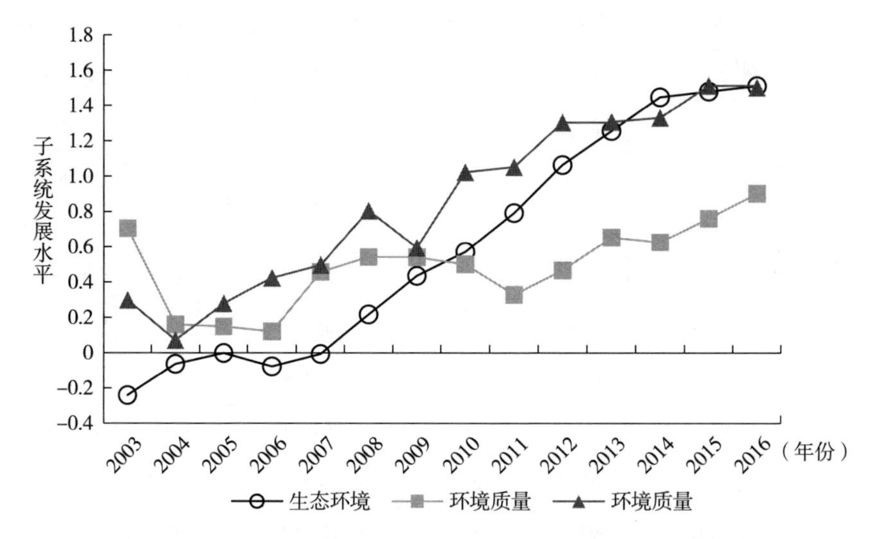

图 4-9　2003~2016 年鄂尔多斯城市生态系统各子系统发展趋势

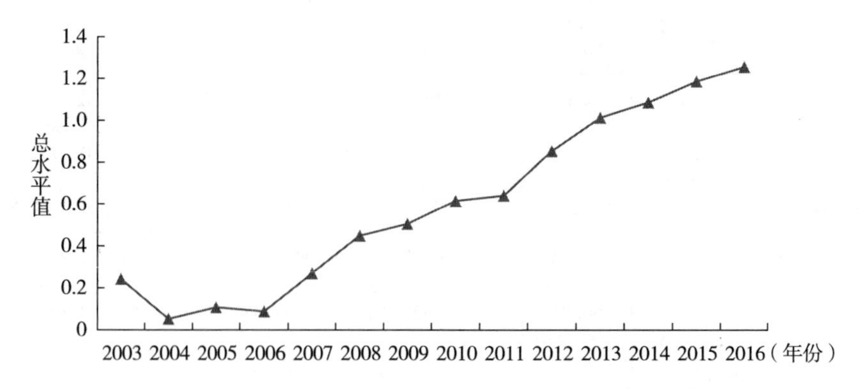

图 4-10　2003~2016 年鄂尔多斯城市生态环境影响发展水平

从评价结果来看，在2003~2016年时间序列内，鄂尔多斯城市生态质量子系统B_1的发展水平一直处于稳步上升、逐步改善的趋势，特别是从2008年开始，上升趋势十分明显，后期几乎呈线性发展。其中最大值为2016年的1.5128，最小值为2003年的-0.2407；环境质量子系统B_2的发展水平整体呈下降—上升—下降—上升的趋势，2004年开始下降，2007年开始上升，2011年又出现了下降趋势，后期逐步开始上升，最小值为2006年的0.121，最大值为2016年的0.9027；环境治理子系统B_3的发展水平总体处于稳步上升、中间略有波动的趋势，最大值为2015年的1.5120，最小值为2004年的0.0717；而城市生态环境影响的总发展水平处于整体上升、中间略有下降的状态，特别是自2007年开始上升趋势明显。

4.2.3.3 结论与讨论

由研究结果可以看出，鄂尔多斯市在城市生态质量、环境质量和环境治理方面仍然存在着较多的问题。整体来看，由于治理力度的加大，鄂尔多斯城市生态质量整体呈稳定发展、不断改善的趋势。同时，城市的环境质量发展水平却呈现出整体下降的趋势。这也表明了环境问题并没有得到有效的控制与解决，特别是环境污染与生态破坏仍在加剧，发展水平处于下滑的状态。此外，还存在环保投资比例偏低、工业“三废”治理率还有待提高、环保基础设施的建设和投入还不够完善等问题。因此，针对鄂尔多斯市城市生态系统的发展态势及存在的问题，在今后的发展过程中应当综合运用相关调控手段和对策进行优化调控，以提高城市生态系统的质量，改善其状态和发展水平。

4.2.4 鄂尔多斯市景观空间格局及生态安全模式

从景观生态学的视角，城市生态学的重点就是关注自然格局与人工格局的结合。自然主要支配城市区域的外围部分，而人类则支配城市的中心。在城市的外围部分，除自然的影响外，人类的规划和管理也影响其格局，如砍伐木材、水源保护以及娱乐。城市中心通常作为一个整体来规划，同时在具体的地点会进行详细的设计。在这里，基于“可行”的原则，人工过程与自然过程达到了一种动态平衡。自然过程和人类活动都持续作用，很少会中断。自然格局和人工格局的范围都减小了。

相比之下，郊区格局则产生于相对较新的人类活动在自然土地上的烙印。早期零碎的短期人类活动不可避免地对一些地点的自然环境有所破坏，导致整个景观的自然环境要素严重退化以及糟糕的人居环境。实际上，城市区域包含规划建立的几何式景观、自然景观和没有规划的景观。没有规划的部分与自然的和建成的区域合为一体，其中建成的区域或者是“试错”的稳定结果，或者是自然被严重破坏的、新近开发的、正在变化的景观。

空间上量化城市区域的不同生态格局是很有挑战性的。Alberti（2008）建议从形态、密度、异质性和连接度四个方面将生态和人工格局联系起来。城市形态通常可表现对象的中心性，如从紧密聚集到分散或者多中心（Anas 等，1998），以及对象分布的规则性（或不规则性）。城市人口密度是指单位面积的人口数量，当然密度也可以指建筑、公园、工厂和演替生境等的数量。生态或生境的异质性（生境多样性）则指不同植被或生境的丰富程度（水文和社会文化的异质性也可以被度量）（Pickett 等，2001）。连接度的测量是指物种、人或资源跨越某一个地区内不同区间的难易程度。廊道和“踏脚石”（Stepping Stone）是可见的结构连接，然而，即使没有它们，物种和人可能仍可以视该地区在功能上是相通的（Tischendorf 和 Fahrig，2000）。通常来说，斑块或生境间的距离是度量连接度的一种很有效的方式（Goodwin 和 Fahrig，2002）。

城市中的各种生物和非生物要素在空间上的分布组合形式，即本底、斑块和廊道又构成了一个完整的城市景观空间格局。因此，基于景观生态学的视角，对城市这一特殊的人工复合系统进行探讨研究，遵从景观生态学原理及方法对城市区域进行空间格局及其生态过程研究，可为我们认识和解决当前一系列城市问题提供新的思路与途径。

地处内陆的干旱区资源型城市是该类地区人类经济社会活动最为集中、频繁，也是人与自然关系最敏感、最脆弱的区域。城市景观格局特征可以全面、系统地反映出人类活动和自然环境等多种因素共同作用的效应。因此，对此类干旱区城市开展空间格局特征研究具有重要的理论意义和实践意义。

4.2.4.1 城市空间格局特征与生态安全管理模式

（1）城市景观空间格局特征。

1）指标分析。

第一，形状指数。城市形状是区域经济、政治、社会和自然等因素相互作用的结果，是城市整体外部景观的体现。城市形状除采用视觉区分的方法外，经常还采用形状指数来描述。形状指数可以反映城市在空间布局上的平面轮廓形状，如带形城市、方形城市、圆形城市、长条形城市、组团城市或集中城市等描述性语言，它是城市外部形态结构的基本表征。其计算公式为：

$S=A/L^2$

其中，S 为形状指数，A 为城市建设用地面积（平方千米），L 为城市最长轴线的长度（千米）。

依据公式推算出：方形城市的形状指数可表示为 $\alpha^2/(\sqrt{2\alpha})^2=1/2$（α 为边长）；圆形城市为 $\pi^2\alpha/(2\pi\alpha)\ 2=\pi/4$（α 为半径），由此带状城市，其形状率应小于 π/4，数值越小，则带状特征越显著，或为狭长形。

鄂尔多斯市城市建设用地面积为 269. 37 平方千米，城市核心区最长轴线约为 45 千米，则鄂尔多斯城市形状指数为：

$S=269.37\div45^2=0.13$

可见，鄂尔多斯城市形状为典型的狭长形。

第二，紧凑度指数。紧凑度指数是反映城市区域空间布局紧凑程度的指标。城市紧凑度合理时，可以保证城市土地资源合理开发利用，公共及市政设施能高效利用，交通便利，即能最大程度地反映出城市社会、经济和生产生活的高效和谐。其计算公式为：

第三，$C=A/A'$

其中，C 为紧凑度指数（$0<C\leqslant1$）；A 为城市建设用地面积（平方千米）；A′为城市区域最小外接圆面积（平方千米）。理论上若城市建设用地面积与最小外接圆完全重合时（$A=A'$），即城市区域为圆形，则认为是最紧凑城市，其紧凑度为 1。

鄂尔多斯市城市建设用地面积为 269. 37 平方千米，城市区域最小外接圆面积约为 1589. 63 平方千米，则鄂尔多斯城市紧凑度指数为：

$C=269.37\div1589.63=0.17$

可见，鄂尔多斯城市空间格局紧凑度指数很低，远远低于最高值 1，城市建设布局非常松散。

第四，延伸率。延伸率是反映带状或狭长形城市延伸程度的指标。其计算公式为：

$E=L/L'$

其中，E 为延伸率（$E\geqslant1$），L 为城市区域最长轴长度（千米），L′为最短轴长度（千米）。E 为 1 时，城市为圆形；E 为$\sqrt{2}$时，城市为方形。E 值越大，则带状延伸程度越大，即离散程度越大。

鄂尔多斯市东西向长轴长约 45 千米，南北向短轴长约 7.5 千米，则延伸率为：

$E=45\div7.5=6$

可见，鄂尔多斯市城市有着较高的伸延率，反映了其城市空间结构具有分散延展式布局的显著特征。

2）景观特征辨析。截至 2016 年末，鄂尔多斯市常住人口为 205.53 万，城市建设用地面积为 269.37 平方千米，人均建设用地面积为 131.06 平方米。由鄂尔多斯市城市用地空间格局指标分析结果、鄂尔多斯市建设区景观类型（见表 4-19）、鄂尔多斯中心城区用地现状（《鄂尔多斯市城市总体规划（2011—2030）》）、谷歌卫星地图（鄂尔多斯核心区）以及现场踏勘收集的资料信息等，可看出鄂尔多斯市城市用地空间格局具有以下特点：

表 4-19 鄂尔多斯市建成区景观类型

序号	用地代码	用地名称	面积（km^2）	占城市建设用地的比重（%）	人均面积（m^2/人）
1	R	居住用地	72.06	26.75	35.06
2	C	公共设施用地	23.99	8.91	11.67
3	M	工业用地	16.25	6.03	7.91
4	W	仓储用地	1.00	0.37	0.49
5	S	交通设施用地	65.83	24.44	32.03
6	U	市政公用设施用地	6.85	2.54	3.33
7	G	绿地	50.27	18.66	24.46
8	E	其他用地	33.12	12.30	16.11
总计			269.37	100	131.06

城市平面景观轮廓形状呈狭长形空间结构形态，城市景观空间异质性程度较高。城市建成区的居住用地、公共设施用地、交通设施用地及绿地四类景观已达到全部斑块面积的 78.76%，表明鄂尔多斯市建成区是一个以这四类景观斑块为主体构成的镶嵌体。

城市空间格局紧凑度相对较低，城市建设布局松散，是一种带状扩展的发展模式。鄂尔多斯市城市空间格局具有较高的伸延率，反映了其城市空间结构具有分散延展式布局的显著特征。

城市核心区突出，即东胜市区和康巴什新区，城市各区域空间差异性较大。城市居住用地、公共设施用地、道路广场用地及市政设施用地等都主要集中分布在城市核心区，各类景观呈互相交错分布特征，但无明显集中布局，且两个核心区之间呈“城市空白区”。主要零星分布着装备制造基地、几个工业园区及少数中小企业等景观斑块，城市生态缓冲区的功能较弱。

城市廊道效应不显著。鄂尔多斯市城市核心区道路交通较为发达，但连接两个核心区的交通廊道主要是一条东康快速路，城市景观格局分布与人口空间分布不均衡。因此，整个城市景观功能的连接度减弱，生态网络构成不完善，也导致城市的整体发展不协调、不均衡。

土地利用结构不够合理，各类景观斑块面积差异显著。居住用地所占比例为 26.75%，在城市建设用地中所占比例是最大的，且在东胜市区表现尤为突出。绿地所占比例为 18.66%，整体来看较高，但分布严重不均衡，其中大部分主要分布在康巴什新区，而东胜市区分布则相对较少。

城市建设用地集约利用程度较低。居民用地内涵复杂，居住、生产及畜牧养殖等各种用地类型呈无序分布，无规划且数量大，人均用地超标。城镇用地内部结构和布局不够合理，土地利用效率较低。部分企业规模偏小，布局松散，容积率低，土地产出效益较差。

土地利用环境承载力低。鄂尔多斯市位于我国西部干旱、半干旱地区的农牧交错带，而且其林地也集中分布在黄河沿岸及东、中部地区，西部干旱、荒漠地区林地面积小，植被覆盖度低，特别是南部广大的黄土丘陵区，沟壑纵横，水土流失严重，生态环境脆弱。

（2）城市景观空间格局生态安全构建。鄂尔多斯市富饶的资源及其特殊的地理位置带动了其经济的飞速发展。但在经济快速发展的同时，鄂尔多斯市亦开始面临资源浪费、环境破坏、经济衰退、人口流失和发展潜力不足等一系列所谓的“城市通病”，而这在很大程度上与不合理的城市生态空间格局有关，造成了城市生态系统内部各要素之间不能很好地协调互补，从而削弱了整个城市大系统的功能和效应。因此，在快速城市化和城市生态安全面临巨大挑战的时代背景下，基于景观生态学的原理和方法，从生态本位和空间本位两个视角，依据可持续性、整体优化、多样性和异质性、区域特色等原则来构建鄂尔多斯市的城市生态安全空间格局，是实现区域和城市生态安全的基本保障和重要途径。

1）构建城市生态缓冲区。缓冲区是自然栖息地恢复或扩展的潜在地带，在城市景观中，亦可以理解为保护城市核心区，具有一定面积的区域。缓冲区分布在核心区周围，具有生态缓冲和社会缓冲两大主要功能，以保护核心区免受直接的破坏。

结合当前鄂尔多斯市核心区的自然条件及土地利用现状，应同时构建城市核心区的内部缓冲区和外围缓冲区，具体是在东胜市区及康巴什新区构建“过渡区—缓冲区—核心区—缓冲区”的生态安全模式（见图 4-11），各区域可通过共同的过渡区或生态廊道联系在一起，构成科学合理的完整生态网络体系，使其充分起到生态缓冲和社会缓冲的作用。在缓冲区内应减少人类的生活经济活动，尽可能地保护原有生态环境和各类生物资源，同时合理地开发利用土地资源，使这一区域可以充分发挥生态保护、休闲游憩、舒缓城市压力等功能。

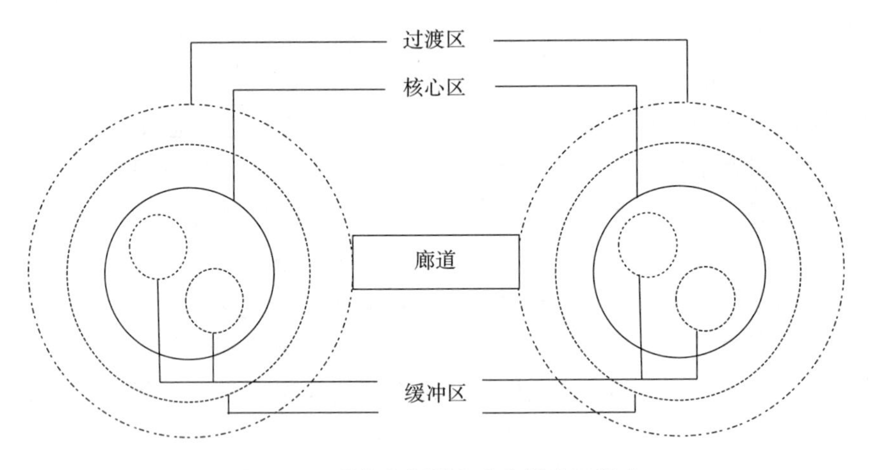

图 4-11　鄂尔多斯城市生态缓冲区模式

2）生态廊道构建。在城市景观中，其生态廊道主要呈线性或带状分布，并将空间分布上较为孤立和分散的生态景观单元能够沟通和连接为一个整体的一类景观生态系统空间类型。城市生态廊道是生态网络建设的重要部分，其穿梭于城市与外围腹地及城市内各节点和斑块之间，具有整体性和系统内部高度关联性，维持着整个城市系统的运作。城市生态廊道既是城市物质流、信息流、能力流及人口流等的通道，又是造成城市景观破碎化和异质性的动力和前提，同时它还是决定城市景观轮廓的主要原因，如受到景观廊道效应的影响，城市生态廊道对城市人口分布、经济发展及生态效益都起着决定性的作用，从而使城市景观基质和斑块的分布、面积及结构有所不同。

在构建生态廊道时，应基于景观生态学原理及方法，要充分考虑鄂尔多斯市核心区的自然地理条件和生活经济发展状况，并要以乡土植物为主，突出植物景观的群落层次和特征，兼顾景观观赏性和生态效应；同时要创造人文与自然交融的线性空间，突出景观的文化内涵和民族地域特色。当前，鄂尔多斯市生态廊道主要是由水系、道路及绿化带所构成，将各类生态廊道综合起来整体规划构建一个“一环多核六线”的生态廊道体系。“一环”：沿 G210 线、G109 线、城市环线和外围高速环形成一个大的整体环状生态绿带。“多核”：在城市核心区，尤其是东胜市区内部建设多个依托大型公园绿地形成的城市绿核。“六线”：荣乌高速公路交通廊道、包茂高速公路交通廊道、阿布亥沟生态廊道、东胜台地山体廊道、乌兰木伦河生态廊道和东西海子生态廊道。

3）重要的生态节点。在景观生态学中，生态节点又称踏脚石（Stepping Stone），主要是一些面积较小但至关重要的斑块，其在景观生态格局中有着重要的地位和作用，对保护和提高生物多样性以及确保景观生态格局的稳定性、连通性和完整性有着重要的意义。

生态节点一般分为两种：一种是作为物种传播和动物迁徙中转站的踏脚石，另一种是生态廊道之间的交叉点或者脆弱点。鄂尔多斯市城市生态节点主要有水库、湿地、城市绿地等，如城市公园、生态环境保护较好的旅游景区、小型水库、大面积保存完整的农田、湿地等。在生态节点范围内，应尽量减少人类干扰，维持其原生的生态环境。引入或恢复乡土生态斑块，并适当增加景观异质性，具体措施包括增加森林草地斑块，增加带状廊道，保护环境敏感区、丰富城市景观生物多样性等。一方面可增加城市景观系统的多样性、稳定性和整体性，增加其抗干扰和灾害能力；另一方面亦可使生态节点成为城市的“亮点”，以展现鄂尔多斯市的地域文化和民俗风情。

4.2.4.2　结论与讨论

鄂尔多斯市核心区城市平面景观轮廓形状呈狭长形空间结构形态，是由居住用地、公共设施用地、交通设施用地及绿地四类景观斑块为主体构成的镶嵌体。城市空间格局紧凑度相对较低，城市建设布局松散，土地利用结构不够合理，城市建设用地集约利用程度较低，城市空间结构具有分散延展性。城市核心区突出，城市各区域空间差异性较大。城市廊道效应不显著，整个城市景观功能的连接度减弱，生态网络构成不完善，导致城市的整体发展不均衡、协调。城市景观空间格局生态安全构建主要包括构建“过渡区—缓冲区—核心区—缓冲区”的生态安全模式、构建“一环多核六线”的生态廊道体系、对生态节点进行重点保护和合理规划。

作为西部生态脆弱区的资源型城市，鄂尔多斯市在今后的发展过程中必须协调好社会、经济和环境三者之间的关系。因此，针对鄂尔多斯市城市生态系统的发展态势及存在的问题，在今后的发展过程中应当综合运用相关调控手段和对策进行优化调控，以提高城市生态系统的质量，改善其状态和发展水平。主要措施有：

（1）制定详细的城市生态规划。在《鄂尔多斯市城市总体规划（2011—2030）》的基础上，应进一步运用系统分析手段、区域规划原理及生态经济学知识制定详细的鄂尔多斯城市生态规划，包括城市生态功能分区规划、城市脆弱生态系统保护规划、生态容量确定、自然生态保护与建设、园林绿地规划、城市土地利用规划、资源利用与保护规划等。

（2）合理开发和利用煤炭资源。在开发过程中提高开采技术水平，并注重矿区的生态环境治理与修复，从而减少因煤炭开采而引起的土地、草场、耕地的减少和破坏。此外还应加强煤炭的清洁生产和利用，大力发展洁净煤技术，即旨在减少污染排放与提高利用效率的加工、燃烧、转化及污染控制等新技术，主要包括煤炭洗选、加工、转化和烟气净化等方面。

（3）加强环境监督管理，提高城市生态环境质量。有关政府部门应加强对各部门、各单位贯彻执行环境保护法的活动进行检查、协调、督促和指导，做到奖罚分明，使环保相关的法律法规、政策及措施等在保护和改善环境方面起到真正有效的作用。此外，还应加强城市居民环保观念与意识的宣传教育，提高他们的环保积极性和参与度。

（4）加大环保投资建设力度，实现城市可持续发展。要提高环保投资占 GDP 的比重，并通过建立多渠道、多层次、多形式的投融资机制，使环保资金投入始终保持在较高水平，为实现城市的社会、经济和环境的可持续发展奠定坚实的物质基础。一方面要提高城市环境基础设施建设投资，包括提高城市的污水处理能力、固废综合利用率、城市绿化工程建设及中水回用工程建设等；另一方面要加大环境污染防治和环境管理能力建设投资，包括工业生产设备更新改造和建设、提高工业“三废”排放处理能力、严格执行“谁污染，谁治理”的原则、建立高标准的环境在线自动监控系统等。

第❺章 西部脆弱区城市生态文明建设与调控策略

改革开放40年来，我国社会经济快速发展，一跃成为了世界第二大经济体和最大制造国。但在传统发展方式和资源环境背景下，随着工业化、城镇化和市场化的快速推进，我国也付出了巨大的资源环境代价。一味追求经济效益，不惜破坏生态，消耗资源，高能耗、高污染地来推动和维系经济的高速发展，大气环境、水环境、土壤环境以及生物环境等受到严重污染和破坏，对生态系统的结构、功能及组成产生了巨大的影响与破坏，各类生态环境问题日益突出，对居民身体健康以及社会健康持续发展构成了严重的威胁。针对日益严重的资源环境问题，我国较早地将节约资源和保护环境列为基本国策，并制定了《21世纪议程》。2002年世界可持续发展首脑峰会后，我国又提出统筹人与自然和谐发展等一系列重大战略。

2012年11月，党的十八大根据世情、国情、党情、民情发生的重大变化，指出中国特色社会主义进入了新的发展阶段，将生态文明建设与经济建设、政治建设、文化建设、社会建设相并列、相融合、相贯通，形成建设中国特色社会主义“五位一体”的总布局，凸显生态文明建设在国家总体建设中的重要性，并对推进生态文明建设进行了全面部署。党的十八大报告首次将生态文明建设放在如此重要的地位加以强调和重视，这在我们党的历史上是第一次，具有极其重要的现实意义和深远的历史意义。

此后，党的十八届三中全会提出加快建立系统完整的生态文明制度体系，明确要求“纠正单纯以经济增长速度评定政绩的偏向”。党的十八届五中全会将增强生态文明建设首度被写入国家五年规划，提出“五大发展理念”，指出要实现“十三五”时期发展目标，破解发展难题，厚植发展优势，必须牢固树立并切实贯彻创新、协调、绿色、开放、共享的发展理念。2018年3月11日，十三届全国人大第一次会议上，将生态文明正式写入国家根本法，实现了党的主张、国家意志、人民意愿的高度统一。这一修改将赋予国务院领导和管理生态文明建设的职权，有利于严格落实各级政府及其有关部门生态环境保护“属地管理”“一岗双责”的责任，各级地方政府与相关部门在强化工业化与城镇化发展的同时，必须考虑生态环境保护，将各项工作落实到政府组成部门，提升监管效率和效能。

党的十九大通过的《中国共产党章程（修正案）》，再次强化“增强绿水青山就是金山银山的意识”。习近平总书记指出，我们要建设的现代化是人与自然和谐共生的现代化，既要创造更多物质财富和精神财富以满足人民日益增长的美好生活需要，也要提供更多优质生态产品以满足人民日益增长的优美生态环境需要。

总之，生态文明建设是可持续发展的进一步提升，要树立人与自然和谐共处的发展理念，缓解人类发展与自然环境之间的矛盾，要着力解决突出环境问题，采取的符合生态系统发展规律的系列措施和实现路径。

从党的十八大报告到“十三五”规划纲要，从建设美丽中国到应对全球气候变化危机，作为中国特色社会主义事业建设的重要一环，生态文明建设体现了我国人民对美好生活的追求，也体现了人类永续发展的要求。正如习近平总书记在巴黎气候变化大会开幕式上所说的“鉴往知来，中国正在大力推进生态文明建设，推动绿色循环低碳发展”，“中华文明历来强调天人合一、尊重自然”，人和自然和谐发展的现代化正是我们的中国梦所在。总之，在我国历史发展的新时期，生态文明在构建社会主义和谐社会的过程中扮演着重要的角色，贯穿于中国特色社会主义建设的各个方面，也必然包括新型城镇化建设。

新型城镇化是以城乡统筹、城乡一体、产业互动、节约集约、生态宜居、和谐发展为基本特征的城镇化。即城市格局构建要科学合理，发展要与区域资源环境的承载力相适应。新型城镇化是我国现代化建设的伟大战略选择和艰巨的历史性任务，是我国不断扩大内需的最大潜力所在，是推动我国经济持续健康发展的“加速器”，是我国全面建成小康社会和从经济大国向经济强国迈进的“王牌”引擎。

当前，在生态文明建设和新型城镇化发展的大背景下，随着我国社会经济的快速发展，我国西部地区工业化、城镇化建设也取得了显著成效，但我国西部地区的城市化历程与东部、中部和东北地区相比有着较大的不同。我国西部地区城市化发展过程受区域自身的自然经济条件、社会历史发展以及政策方针等一系列因素的影响，其在城市化水平、发展质量、动力机制以及区域均衡等方面还存在许多问题。分析我国西部地区的城市化进程、模式和特征，研究分析城市生态环境现状，构建城市生态安全，制定实施积极有效的调控对策，对于积极稳妥地推进西部地区城市化进程具有重要的现实意义，也是实施“西部大开发战略”和“丝绸之路经济带”

的必然要求，对我国区域经济社会的协调发展具有深远的意义。

针对上述问题，结合相关的研究成果，提出西部地区城市生态文明建设与调控对策，主要有以下几个方面：

5.1 保护生态环境，加强环境治理

由于西部地区城市的特殊性，科技水平较低，社会经济综合水平低，生态环境本底脆弱，生态破坏和环境污染严重，城市问题突出，其城市发展的脆弱性问题更加复杂和严重。因此，对于快速发展、扩张的西部地区城市来说，针对城市脆弱性的区域特点，加强环境治理，保护生态环境，构筑城市健康持续地发展具有重要的理论意义和实践价值。

城市是一个由自然、经济、社会综合的复杂系统，而西部地区城市在自然环境以及社会经济等方面本身就具有脆弱性、敏感性的特征，而且随着城镇化进程的不断加快，各类城市生态环境问题日益严峻，而对其复杂性的认识将是一个长期的过程，脆弱性也将伴随着城市系统的全部发展过程。特别是在我国现代城市中，由于不科学的生产方式和不合理的发展路径，使西部城市系统的脆弱性又被放大了，而且这种放大已经深刻影响到城市系统功能的正常发挥，从而严重制约了城市的可持续发展。为此，如何全面认识和准确把握城市脆弱性的程度、如何科学调控城市脆弱性成为西部城市可持续发展研究的一个重大命题。

5.1.1 构建城市生态安全格局

城市生态安全格局建设是我国推进城市生态文明制度建设的战略重点，是建设生态城市、宜居城市以及绿色城市的关键。目前，从我国现阶段城镇化发展的情况来看，我国已进入城市化快速发展的中期阶段，而且根据当前的发展速度及态势来看，同时在国家相关政策及措施的指导下，未来我国的城镇化仍然会呈持续快速发展的趋势。与此同时，我国在城市发展及城镇化推进中，还面临着较多的问题，如城市空间发展格局和城市形态存在较大问题、城市基础设施不完善、城镇化发展质量低、整体处在亚健康状态、城市病正在进入高发高危期、未来新型城镇化推进面临日益严峻的资源与生态环境压力等。在这种情况下，党的十八大报告和十九大

报告明确提出要大力推进生态文明建设，促进区域发展的高效集约、宜居舒适及平衡协调。因此，构建、优化城市生态安全要通过加快实施主体功能区战略，加强土地和景观规划、管理，合理进行城市规划、城市设计，构建科学合理的城镇化格局，促进生产空间、生活空间和生态空间有序发展的空间结构体系。西部城市生态安全格局的构建，主要是从生态学和景观生态学的视角出发，将理论与实践相结合，即城市生态安全格局能够以生态基础设施的形式落实在城市中，科学引导城市空间扩展、监控系统动态演变、提供决策依据。

5.1.2 加大环境保护和污染整治力度

近年来，西部的发展速度明显加快。但从地理环境到经济实力，与我国中东部城市区域相比，西部地区在城市环境治理方面尚存差异和差距，都对其环境保护和治理有较大的制约和影响，这也决定了落后的生产工艺与水平、简陋的环保设施以及不完善的管理制度等因素已不能满足现如今西部地区社会经济持续发展的要求，特别是各类污染、生态破坏、资源匮乏等环境问题日益严峻。

西部地区城市环境具有脆弱性、内部性以及敏感性等特点，要想实现可持续发展，环境保护、污染治理尤为重要。如何针对西部城市的特点，多角度、多层次全面地、科学地制定相应的环境保护与治理方案、措施，对推进我国西部地区城市环境保护治理工作至关重要。首先，西部地区作为我国主要江河的发源之地和水源涵养区，在全国经济社会发展大局中具有十分重要的战略地位，也是我国重要的生态安全屏障。但其生态环境本底脆弱，承载力低下，在生态脆弱的状况下承担起工业化、城镇化、经济快速发展带来的巨大生态负担是西部发展不能回避的生态难题。其次，西部地区也是我国城市生态环境问题频发和集中的重点区域。如沙尘天气频发、水资源亏缺且污染严重、大气污染及雾霾天气高发、生物多样性较低且生态系统脆弱等。

生态环境的可承载力低下、生态破坏与环境污染等问题已严重制约了西部城市社会经济发展和承接产业转移的能力，其脆弱的生态环境已威胁到当地人类社会的生存和发展，同时也构成对国家的经济社会发展安全的影响。近年来，西部的城市生态环境治理越来越受到中央政府和地方政府以及环保行业的高度重视。2015 年，环境保护部部长陈吉宁在全国两会时表示，针对污染转移问题，相应的环保执法不能双重标准，不能让西部成为污染企业逃避责任的天堂。特别是西部地区城市在承接中东部产业转移时，要加强对西部城市的生态补偿，保护好生态环境。2017年，工信部发布了《西部大开发“十三五”规划》指出，到2020年，西部基础设施要进一步完善，环保等设施保障能力全面提升；生态环境得到实质性改善，生产生活方式加快向绿色、循环、低碳转变，主要污染物排放量大幅减少。规划还指出，要全面推进农村垃圾治理，促进农村风貌改善提升。

因此，在西部城市区域，要实施重大生态修复工程，加强防灾减灾体系建设，重点解决目前突出的环境问题，加强污染治理与防范。首先，要进行源头的防控。源头的防控是环保的第一要务，要将污染与破坏从源头阻断，一旦造成污染了再治理，成本代价太高了。特别是在生态环境脆弱的西部地区，更应该加强城市环境破坏与污染费防控。

其次，要加大对西部地区在环保方面的支持力度。西部地区由于地理位置及历史等原因，与中西部发达地区相比，在社会经济综合实力、科学技术发展水平、科技人才队伍素质和人力资源综合开发水平等方面，还存在较大的差距。因此，今后国家应该在这几个方面加大对西部地区城市发展的资金、人力以及政策方面的支持与倾斜，使相应的区域能够“有资金、有人才、有技术、有政策”，在快速发展经济的同时，将生态环境保护与治理落到实处。

再次，加强对西部地区的生态补偿。作为我国主要的生态屏障，西部地区对我国的生态安全构筑意义重大。因此，应加大对西部地区的支持和补偿力度，以调节西部地区与中东部地区的利益关系、均衡区域发展。特别是要完善城市生态系统中的生态产品产出能力和生态服务功能。逐步加大重点生态功能区转移支付力度，衔接并完善西部城市区域对相关产业的承接，在为其增加经济增长点的同时，要对其进行相应的保护与补偿。同时结合脱贫攻坚开展生态综合补偿试点，坚持中央引导、地方为主，推进地区间横向生态保护补偿试点，探索资金补偿、对口协作、产业转移、人才培训、共建园区等多元化补偿方式，使西部地区城市健康、快速地发展，而不是沦为中东部地区污染企业的天堂。此外，国家要加强顶层制度设计，制定生态保护相应的补偿条例与办法，完善相关法规制度，建立生态保护补偿部际协调机制，统筹推进和落实各项任务，使生态补偿能真正地落到实处，为西部地区城市化发展保驾护航。

最后，加大环保执法监管力度，严厉打击环境违法行为。《中华人民共和国环境保护法》是为保护和改善环境、防治污染和其他公害、保障公众健康、推进生态文明建设、促进经济社会可持续发展制定的国家法律，修订后的《中华人民共和国环境保护法》增强了政府、企业等各方对生态环境的责任与相关处罚力度，提高了环境保护在社会、经济发展中的地位。新《环境保护法》的一大特点是其监管手段十分强硬，从以下几个方面就可以看出：一是新法新增设的“按日计罚”，即主管部门实施按日连续处罚办法的制度，如果企业不及时改正超标排放等违法行为，罚款则会随时间连续计算。二是环境主管部门在区域污染物总量控制、新建项目环境评价的审批和项目建成后的环保监管方面的要求都更加严格。三是规定了对违反环境相关法规的情节严重行为适用行政拘留的处罚措施，有弄虚作假的相关机构也要承担连带责任。因此，（新《环境保护法》）被称为“史上最严”的环保法，体现了我国对生态环境保护与治理的决心与力度。

在新《环境保护法》的前提之下，西部地区城市要严格按照环保法律法规要求，加大环保执法监管力度，严厉打击环境违法行为，不能用两个尺度来执法，防止一味地追求经济利益，切实防止发生中东部地区污染向西部地区转移的问题。以“零容忍”的态度，以铁腕手段严格执法，保持环境监管执法的高压态势。

5.1.3 加强生态文明制度建设，完善制度体系

规范的制度体系对生态文明制度建设有着决定性的作用，进一步推进生态文明制度体系建设，是深入推进生态文明建设的首要任务之一，系统完整的相关制度体系体现在：牢固树立生态保护红线的观念和意识；要建立体现生态文明要求的经济社会发展评价体系，把资源消耗、环境损害和生态效益纳入考核办法和奖惩机制中；要继续实施和加强、完善各种现有的规章制度，保护环境、节约资源；积极推进生态文明建设，设立相关的监督管理机构，不断完善各项规章制度；对所有破坏生态环境的行为予以坚决的制止和惩处。

5.2 合理利用开发，实现资源可持续

2013 年 12 月首次召开的中央城镇化工作会议进一步提出推进以人为核心的城镇化，提高城镇人口素质和居民生活质量，要坚持生态文明，着力推进绿色发展、循环发展和低碳发展。2014 年 3 月实施的《国家新型城

镇化规划（2014—2020年）》再次将生态文明和绿色低碳作为主导原则，推动形成绿色低碳的生产生活方式和城市建设运营模式，推动城镇化发展由高资源消耗、高碳排放、高环境污染、低综合效应的“三高一低”粗放型模式转变为低资源消耗模式。

全面促进资源节约，重点是大幅降低能源、水、土地的消耗强度，促进各类能耗（主要是化石能源的利用）的减量化、循环化和资源化。针对西部地区城市社会经济发展的驱动力，要合理利用开发，实现资源可持续，优化产业结构，加快城市转型。

5.2.1 清洁生产，发展循环经济

走可持续发展道路已成为西部地区城市发展的必然选择，而清洁生产是实施可持续发展战略的最佳模式。可通过提高资源利用率、常规能源的清洁利用、新能源的利用以及节能降耗来减缓资源环境的压力。

一是使用清洁能源。包括大力研发与推广节能技术，积极开发利用再生能源以及合理利用常规能源。我国西部地区除了拥有丰富的矿产资源外，还拥有大量的清洁能源，如风能、太阳能以及生物质能等，都为西部地区城市进行清洁生产、发展循环经济提供了可能。近年来，西部地区在清洁能源的使用方面取得了较好的效果，如天然气的使用与推广对大气污染防治起到了积极有效的作用。

二是进行清洁生产过程。对生产过程采取整体预防的环境策略，包括尽可能使用环保的原料和中间产品。对原材料和中间产品进行回收，加强管理、提高效率。使用先进的技术、设备，应用科学的管理方法，实现低碳生产、清洁生产，降低能耗，减少排放，提高资源使用效率。优化生产组织，使用合格的原料，减少有害有毒物质的排放，建立良好的操作程序和监督管理体系。特别是西部地区的资源型城市，在大力发展循环经济中，增大了对煤炭、矿产资源的开发，加大力度发展绿色产业，初步形成了由采煤到洗煤，再通过炼焦到煤化工等一系列循环经济链条，取得了很好的成效。今后，还应大力推行清洁生产，发展循环经济。

三是生产清洁产品。以保护环境和人体健康为主导因素，在产品的生产过程直至使用之后的回收利用，要减少原材料和能源使用。从初期的产品设计到最终的使用，一要在产品生产的过程中，以节能环保为出发点；二要综合考量各种利益（经济、社会及生态等），降低成本、减少潜在的责任风险，提高产品的竞争力。产品设计要达到只需要重新设计一些零件

就可更新产品的目的，从而减少固体废物。在产品设计时还应考虑在生产中使用更少的材料或更多的节能成分，防止原料及产品对人类和环境的危害。一方面可以有效地保护西部地区城市的生态环境，另一方面也可以提升西部城市的市场竞争力。

四是实施材料优化管理。对现代企业实施清洁生产而言，材料优化管理是十分重要的环节。提高材料管理是一个多方面的综合过程，包括原材料的选取、评估化学使用以及估算产品的生命周期等。在清洁生产过程中，选择生产材料至关重要，它是实现清洁生产的基础保障，高质量的原材料一方面可以减少成本，增加经济效益；另一方面可以提高环境质量，获取生态效益。

5.2.2　优化产业结构，加快城市转型升级

推动产业结构合理化和产业结构高级化发展的过程，是产业与产业之间协调能力的加强和关联水平的提高，主要依据产业技术经济关联的客观比例关系，遵循再生产过程比例性需求，促进国民经济各产业间的协调、均衡发展。它遵循产业结构演化规律，通过技术进步，使产业结构整体素质和效率向更高层次不断演进的趋势和过程。

当前，西部地区城市发展产业内部结构不协调，层次低，竞争能力差。一方面，为推进西部地区社会经济的快速发展，西部地区城市可以大力发展国家现有产业目录中的鼓励类产业和西部地区新增鼓励类产业，不断优化产业结构，提升产业竞争力。另一方面，针对西部地区大量的资源型城市，要积极进行城市转型升级，摆脱对资源的完全依附，寻求新的经济增长点和多元的发展模式，使西部资源型城市向高端化、精细化和循环经济方向发展，城市社会经济健康发展，民生有保障。

5.2.3　实施城市生态环境管理与规划制度

生态环境管理与规划可将环境管理的理论与资源开发利用很好地衔接为一个整体，它既反映了生态环境管理思想的转变过程，又概括了城市生态环境管理与规划的实践内容。针对西部地区城市生态环境管理的特征主要体现在以下几点：

一是西部城市生态环境管理是针对次生生态环境问题而言的一种管理活动，即致力于解决由于人为的社会经济活动所引发的各类生态环境问

题，如生态破坏、环境污染以及资源耗竭等。

二是城市生态环境管理的核心是对人的管理。从人类对生态环境问题的认识到治理，经历了一个认识不断发展的历程。长期以来，生态环境管理虽然也有针对“人”的管理，但管理的重点对象还是针对污染源，相关工作也是主要围绕着这些污染源来开展的，但结果却是污染源越来越多，污染越来越重。原因是人们只关心生态环境问题产生的地理特征和时空分布，这种生态环境管理，实质上是一种物化管理——对污染源和污染设施的管理，而忽视了“源头”“主体”的管理，即对人的管理。众所周知，在与自然环境的关系中，人是环境的主体，也是各种活动的实施主体，是当前各种人为环境问题产生的根源。只有解决人的问题，对其思想意识和行为进行规范管理，由人产生的生态环境问题才能得到有效解决。

三是西部地区城市生态环境管理是国家管理的重要组成部分。城市生态环境管理的目的是社会经济发展造成的生态环境污染和生态破坏造成的各类生态环境问题，实现该区域社会的可持续发展。城市生态环境管理与国家管理的系统关系是一种要素与整体的关系，是下位子系统与上位子系统的关系。这就决定了有什么样的国家发展战略就有什么样的区域生态环境战略，有什么样的国家管理体制和模式就有什么样的区域生态环境管理体制和模式。

总之，西部地区城市生态环境管理应遵循的原则：①遵循可持续发展原则。②建设生态环境负责的文化：承诺生态环境管理、实施环境规划系统、提供时间与资源进行有关培训。③建立资源开发利用与社区发展的伙伴关系。④实施生态环境风险管理。⑤集成生态环境管理：整体开发、建设、利用以及循环过程中的生态环境管理。⑥建立生态环境绩效目标并努力实现。⑦不断改善生态环境绩效。⑧资源循环利用。⑨生态环境报告。

5.3 因地制宜，构筑西部特色新型城镇化

在我国城镇化高速发展的新历史阶段，新型城镇化将是中国城镇化发展史上的一个重大战略转型，是在既往成就基础上的一次扬弃和升华，是和谐发展、生态文明的城镇化。新型城镇化有利于释放巨大的内需潜力，有利于提高劳动生产率，有利于破解城乡二元结构，有利于促进社会公平和共同富裕，而且经济和生态环境也将从中受益。按照党的十八大报告和

十九大报告、《中共中央关于全面深化改革若干重大问题的决定》、中央城镇化工作会议精神以及 2014 年 3 月新发布的《国家新型城镇化规划（2014—2020）》着重强调了以下几点：第一，新型城镇化要在提高城镇土地利用率和建成区人口密度的基础上高度重视生态安全，要划定生态红线和守住耕地底线，扩大绿色生态空间比重，要不断改善环境质量，增强抵御和减缓自然灾害的能力。第二，新型城镇化是推进以人为核心的城镇化，要以人为本、公平共事，要有序推进农业转移人口的市民化。第三，新型城镇化要根据资源环境承载能力构建科学合理的城镇化宏观布局，促进不同规模的城市实现集约合作、功能互补、协同发展，提升城市可持续发展水平。第四，新型城镇化要坚持生态文明，坚持四化同步，实现绿色发展，将人为对环境的干扰与破坏降至最低，节约集约利用土地、水、能源等资源。第五，新型城镇化要能够传承文化，要让城市融入大自然，居民望得见山、看得见水、记得住乡愁，要发展有历史记忆、地域特色、民族特点的美丽城镇。

5.3.1 推进西部特色城镇化建设

我国幅员辽阔，不同区域在自然环境、历史文化、经济水平等方面差异较大。因此，对于新型城镇化的推进，各地要因地制宜、循序渐进、分类实施、试点先行，以中小城市和小城镇为发展重点，推进区域协调、健康发展。

当前，我国西部地区整体发展较为落后，城镇化发展滞后、推进效率不足、水平不高、质量较低。而对于西部地区而言，调整产业结构，将会对区域经济发展产生巨大的推动作用，有助于推进西部特色城镇化的建设。一是可以更加科学、合理地利用当地的资源与能源；二是可以促进各产业部门协调发展，实现产业合理布局，挖掘经济发展潜力，提升经济发展水平；三是优先发展第三产业，可增加就业岗位，扩大就业，解决西部地区人才流失问题，带动当地社会经济发展；四是可以推广应用先进的产业技术，转变经济增长方式，获得最佳的经济效益，提高国内与国际竞争力；五是可以节能减排，保护生态环境；六是有利于提高西部地区城镇化发展质量，加快农民工等城市边缘人群的城市融入，统筹城乡，促进城镇和农村良性互动、共同发展，从而使农民工真正融入城镇之中。

5.3.2 构建城市廊道网络体系

由于受到自然因素与经济因素的影响，西部地区的基础设施与中东部相比差距较大，体现在建设规模、投入力度、建设水平等方面都相对落后，这也对西部地区城镇化的发展与推进产生了较大的阻碍，有待于进一步改进与完善。而基础廊道网络在提高区域间的物质流、能量流与信息流方面有着十分重要的作用。

从景观生态学的视角，不同空间尺度上的绿色网络（生态网络、生态基础设施），在为人类及其他生物提供连接度方面有着非常重要的作用。一方面，城市的交通网络体系可以将在地域空间上相对孤立、分散的景观单元连接起来，即可以将斑块与斑块、斑块与本底之间沟通联系起来，从而使城市生态系统基本空间格局具有整体性、协调性，系统内部高度关联、密切相连。另一方面，城市的绿色廊道网络还可以具有调节气候、降低污染以及美化环境等生态效应。如绿篱以及植被覆盖的栅栏和墙具有一定的生物多样性，并且可为动物提供迁移的路径。在绿色廊道内以及沿着绿色廊道的生境异质性往往在功能上具有重大意义。连接城市和农村的主要放射状廊道，如沿着铁路、河流的廊道，对空气流动尤其重要，因其可以冷却及清洁城市空气；类似地，一些街道朝向盛行风的方向，从而将附近的空气引入城市；绿色廊道内的植物的蒸发蒸腾作用可以冷却进入城市的空气；凉爽的放射状绿色廊道与那些沿着铁路密集发展的闷热的廊道完全不同，在丘陵城市区域，晚上冷风可以流入山谷与河流廊道。因此，针对西部地区生态环境脆弱的特点，构建城市廊道网络体系将对推进城市社会经济建设，完善城市生态安全格局，保护生态环境均具有非常重要的作用。

5.4 依托国家战略与政策，助力环保产业发展

西部城市多地处我国内陆边疆地区，有着重要的区位优势和战略意义，随着各项战略措施的实施，特别是在“西部大开发”和“丝绸之路经济带”建设的大背景下，西部地区各城市也带来了一次重要的发展契机。我国西部地区城镇化建设一直被视为改革重点，在国家大的发展战略背景

下，西部地区应抓住发展机遇，加快社会经济高速度、高质量地发展，大力推进新型城镇化进程，推动生态文明建设与环境保护、促进城市绿色发展。

5.4.1 抓住机遇，大力推进经济社会又好又快发展

作为“西部大开发”和“丝绸之路经济带”的重点区域，西部地区城市具有得天独厚的地理位置优势，可充分结合自身实际情况，积极开展边境贸易，发展边境金融，推进边境旅游开发，加强对外文化交流与沟通，加强国际间在多领域的交流合作，全面促进区域社会经济发展，推动新型城镇化的发展，突破经济发展壁垒，为区域社会经济的发展需求提供新的增长点。

此外，西部地区城市还应充分利用国家的发展战略和宏观政策，抓住机遇，借鉴我国东南沿海地区的成功经验，通过多种渠道全面进行招商引资，以助推当地的经济发展。“一带一路”倡议和“西部大开发”战略的实施，不仅给西部地区的发展带来了机遇，也给予国内外大量的企业参与发展的机会。而对于西部地区来说，通过招商引资，可以为地方经济发展提供新的增长点、注入新的活力，提供更多的就业机会，促进产业结构更加合理化、高级化，让更多的企业加入西部地区的开发建设中，积极促进西部地区社会经济更快、更高、更好地发展，全面推动西部地区的新型城镇化建设，并实现多方的互利互惠，共同繁荣发展。

利用“一带一路”倡议和“西部大开发”战略的实施机会，优化产业结构，带动优势产业的发展。西部地区是我国的资源富集区，矿产、土地、水等资源十分丰富，旅游业十分旺盛，而且开发潜力很大，这是西部形成特色经济和优势产业的重要基础和有利条件。但在当前内需不足、产能过剩的情况下，西部地区的优势资源未能得到充分的利用。随着国家开发战略的实施，西部地区将会吸引越来越多中东部地区企业的加入，进行相关产业的转移、承接，从而使西部地区城镇化的产业结构得到优化、调整，达到资源的有效优化配置。此外，在西部地区新型城镇化过程中，劳动力及人才流失问题也将会有所改善，人力资源优势也将进一步得到充分发挥和有所集聚。最后，社会经济的健康发展，也将为生态文明的建设提供资金、技术以及人才等方面的支撑。

5.4.2 抓住机遇，推动节能环保产业发展

进入21世纪以来，全球的环保产业进入了快速发展时期，逐渐发展成为许多国家经济增长的主要动力，并正在成为许多国家改革创新与产业结构优化的重要目标与关键，特别是一些发达国家（如美国、日本、德国及欧盟等）的环保产业已处于国际领先水平，已成为全球环保产业市场的主要力量。

针对生态环境日趋严重的现状，我国对环保产业发展的重视程度也越来越高。2013年8月1日，国务院办公厅印发的《国务院关于加快发展节能环保产业的意见（国发〔2013〕30号）》指出，我国经济社会发展当前面临的突出矛盾主要是源于资源环境问题。解决突出的生态环境问题是我国实现经济升级、稳定增长的一项十分重要而紧迫的任务。而加快发展节能环保产业将是一个快速、有效的途径。大力发展节能环保产业，一方面有助于推动产业升级与生产方式转变，促进节能减排，保护生态环境；另一方面可以优化产业结构，形成新的经济增长点，提供更多的就业岗位，从而带来更多的社会效益与经济效益。预计到2020年，我国的节能环保产业将成为国民经济的重要产业之一，其在我国社会经济发展中的作用将越来越重要。

当前，我国的节能环保产业正处于快速发展的时期，但总体规模相对较小，投资力度不大，且在相关的法律法规、政策方针、制度条例、标准规范等方面还不完善。但日益严峻的生态环境问题，使我国的节能环保产业在环保技术和装备、环保产品、环保服务等方面都有十分巨大的市场空间。随着“一带一路”倡议和“西部大开发”战略的实施，也为作为国家加快培育和发展的七个战略性新兴产业之一的节能环保产业以及为西部地区城市经济发展提供了市场，可以成为推动经济发展的支柱产业。

西部地区是我国的重要生态屏障，也是我国生态环境问题最突出的区域。“十三五”期间，我国的各项产业将迎来难得的发展机遇，节能环保产业势必在此期间得到长足的发展，产业链条和产业深度将会进一步实现更高层次的提升。因此，西部地区必须紧紧抓住国内外的新变化与新特点，顺应全球与国家经济发展和产业转型升级的新局势，着眼于满足节能减排、发展循环经济及建设资源节约型和环境友好型社会的需要，加快培育发展节能环保产业，大力发展先进的技术与设备、洁净产品和环保服务，使之成为区域新一轮经济发展的增长点和新兴支柱产业。这一方面可

大力促进地区社会经济的发展，另一方面亦可缓解或解决突出的生态环境问题。

5.5 打造城市群经济，提升区域竞争力

截至目前，在国务院批复的9个国家级城市群中，西部地区的成渝城市群、关中平原城市群、呼包鄂榆城市群以及兰西城市群在地理位置及战略地位方面起着十分重要的作用。其中，中东部城市群综合经济水平较高，而西部地区则相对较低，西部地区城市群经济发展水平与东部地区城市群相比差距很大。针对区域发展不均衡等问题，国家层面给予了高度重视，相继出台了一系列相关的政策与措施，来推动西部城市群的发展，以实现国家整体区域空间的平衡发展。

因此，西部地区可通过发展城市群的形式，提升区域竞争力。城市群作为我国特色社会主义建设大力推动城市化建设而形成的产物，已经成为推动地方区域经济发展的重要力量，更是国家参与全球竞合的主要地域单元。而西部城市群则是我国城市群的重要组成部分，特别是在“丝绸之路经济带”建设和“西部大开发战略”的背景下，西部经济中心以及城市群的发展承担着国家生态安全屏障、缩小东西部发展差距、提高人民生活质量以及维护区域安定团结的重大责任。同时在《国家新型城镇化规划（2014—2020年）》文件中也指出，要大力培育和发展西部城市群，以均衡区域发展、缩小差距、开发新的经济增长极。并要将西部城市群建设成为生态型城市群，树立生态优先、绿色发展的理念，建立节能环保的发展模式，以实现区域的可持续发展。同时，使西部城市建立健全功能完备、布局合理的城镇体系，建立市场一体化、公共服务共建共享、生态共建环境共保、成本共担利益共享机制，生态格局合理，区域协同发展。

城市群协调发展有助于区域各种资源快速利用和高效配置。通过区域的叠加和放大效应，可将各个城市紧密联系，使区域整体竞争实力得以提升。另外，城市群发展有利于区域中的产业优化与升级。从城市生态系统的角度，也有利于城市群内部或与外部形成更好的信息交流链，进而降低成本，提高经济效益和生态效益。

最后，城市群发展有利于区域全面自然、社会与经济协调可持续发展。一方面城市群发展可实现区域资源的高效配置与合理利用，优化产业

结构，提升产业发展空间，增强区域的整体竞争力。另一方面可节约成本，降低能耗，形成更为高效、低能的循环型经济发展方式，从而有助于实现区域经济的永续、健康发展。

5.6 提升公众环境素养，构筑和谐社会

公众环境素养的提升是生态文明建设的根本和重要途径，是实现人与自然可持续发展的关键因素，也是衡量社会进步与文明程度的重要标尺。现如今在西部地区乃至全国范围内，公众对环境领域日益关注，对其担忧越加严重，危机意识逐日增强。与之形成鲜明对比的是公众的环保素养和行为意识普遍不高，而这一片“洼地”与公众高度的关注、担忧形成了鲜明的对比，存在明显的断层。特别是在我国西部欠发达地区，经济实力相对薄弱，生产力发展不平衡，科技水平低，民生问题突出，人口素质相对较低，是我国综合发展水平较低的地区。

环境问题的产生是由人产生的，而解决也要靠人，可见这两方面主体都是人。而整个人类生态环境治理的历程也已经证明，对生态环境的保护与治理，先进的技术与方法并不是关键，而关键是人类要有可持续发展的理念。如果我们每个人都有很高的环保素养，无论是政府部门的决策者或管理者，或是企业的生产经营者，或是普通的公众，在日常的工作和生活中都将有很强的保护环境意识和很高的社会责任感，那么许多环境问题将会减轻、减少甚至消失。

5.6.1 西部地区公众环境素养现状及存在问题

由于我国的公众环境教育开展较晚，再加之重视程度不够、落实不到位以及条件限制等因素的影响，从西部欠发达地区乃至全国范围来看，环境教育制度单一、低效，流于形式，甚至缺失等问题较为突出，致使公众环境素养普遍不高。而我国西部地区多为内陆偏远边疆地区或少数民族地区，受社会经济发展水平、教育质量、教师素养、文化差异以及社会基础设施等因素的影响，在公众环境素养教育方面不尽如人意，公众环境素养普遍较低。

一方面，目前我国的中小学教育更侧重于应试性，而在这种教育背景

下，学生、老师、家长以及社会往往更加“务实”，而“无用”的环境教育想要渗透到日常教学环节中往往困难重重。而且即便是开展环境教育课程或活动，也往往是次数极为有限，流于形式，效果甚微。此外，在师资培养及培训方面，我国中小学教师也同样缺乏基本的环境教育环节。同时，我国学校教育在环境教育模块的重视程度和投入都很低，环境教育资源匮乏，如必要的教育场所、相关教材、教学设施、信息资料以及校外的环境教育基地明显不足。所以，在这种环境教育模式和背景下，提高中小学生环境素养的效果可想而知。而这种现状在教育水平较低的西部欠发达地区表现更为突出。

另一方面，普通公众的环境素养教育同样欠缺，教育制度社会保障体系不完善，致使西部地区乃至全国范围的公众环境素养问题突出。而且以往的调查和研究也已经指出，我国普通公众环境素养在环境知识水平、环境状况认知、环境价值观念、环境保护态度以及环境行为等方面都十分欠缺，缺乏系统、科学的教育过程，公众的环境教育往往停留在“号召宣传、全凭自觉”的状态，环境素养普遍较低。

5. 6. 2　公众环境素养提升学校教育制度构建

学生作为新时期、新世纪、新中国的接班人，对其进行环境素养教育至关重要。因此，在以往宣传教育的基础上，西部地区还应建立具体的教育制度来真正有效地提升学生环境素养。

5. 6. 2. 1　制定中小学生学校教育制度

美国特别注重中小学生的环境教育，其是世界上最早制定《环境教育法》的国家。经过几十年的不断发展和完善，此法发挥的作用越来越明显，成果显著。与之相比，我国中小学环境教育起步较晚，加之我国教育体制与教育环境的特点，其发展明显滞后。而中小学生作为国家的未来，对国家和民族的发展复兴意义重大，无论是在西部地区还是在全国范围，加强在生态文明建设领域的教育至关重要。

（1）设置环境类课程。中小学可以每周开设一次环境类课程，并依据内蒙古环境问题现状与发展趋势，针对不同的年级，并可以与西部地区的民俗文化和少数民族文化习俗相结合，内容可以涵盖初级环境科学专业知识、环境保护与健康、环境认知及伦理、传统文化理念等，教学形式可以灵活多样，可采用课堂讲授、案例分析、主题设计及情景模拟等。

（2）开展实践教学活动。每2~3周进行一次环境素养教育实践活动，结合西部地区的自然环境特征与环境问题现状，内容与形式可以多样化，如进行野外环境感知、参加民俗环保活动、参观环保企业与政府部门、开展环境保护社会调查与知识竞赛、创建绿色校园等活动。

（3）规范学生环境行为。加强对学生的日常环境行为进行教育、引导与监督，包括节约资源、保护环境及关注健康等方面，如设置严格的垃圾分类、禁止浪费水电及纸张等资源、规范环境健康行为、设置环境保护评比与竞赛活动等。

以上中小学环境素养提升的教育制度中，除培养学校的授课老师外，还可以与相关高校和科研机构合作，这部分工作可以记入高校教师和科研人员的年终工作考核，这样中小学不必再配备专门的专业老师，又可以使高校和科研机构优质的教学和科研资源得到充分利用，真正服务于社会。

5.6.2.2 制定大学生学校教育制度

增加相关环境素养课程数量及课时安排，并注重环境素养实践教学活动与考核，规定必须完成的相关必修课程或学分要求，同时要注重对大学生在环境保护与可持续发展领域，发现问题、分析问题以及深入思考等综合能力的培养，以提高其综合环境素养。此外，对于环境科学和非环境科学专业的大学生，以及师范类和非师范类专业的大学生，可根据各自的专业特点进行调整规划，包括相关课程的数量、难易程度、侧重领域、教学目标、实践活动以及学时学分要求等方面。

5.6.3 公众环境素养提升社区教育制度构建

以学校环境教育为基础，后期应继续对公众的相关环境教育进行坚持和延伸，从而使公众环境素养能够真正地长久有效、整体提升。

5.6.3.1 制定环境专业人员进社区服务制度

充分发挥社会各领域的作用，通过推荐、选拔、培训及考核等环节，使相关环境专业人员进入社区开展环境素养教育活动，以实现教学科研与社区资源的双向开放，也进一步提升了高校、科研机构以及非政府组织等方面的公共服务能力。

5.6.3.2　建立社区公众监督、举报及维权制度

针对当前公众对环境问题的关注及敏感，在引导、宣传的同时，还可使公众积极参与其中，可借鉴现有的规章制度，明确公众的监督、举报、维权等方面的责任与义务，将素养提升与问题关切密切联系，齐头并进，共同呵护社区环境。

5.6.3.3　规范社区公众环境行为

意识的提高最终要落实于行为，所以规范社区公众环境行为将至关重要，可以倡导健康、正确的相关环境行为和生活方式，如实行严格的垃圾分类、制定社区公众环境行为规范、建立社区环境保护奖惩与监督制度，设置环境保护评比与竞赛活动等，将有助于提高公众素养。

5.6.4　公众环境教育实施保障

发展完善的公众环境教育制度法律体系。目前，我国有关环境教育的法律法规缺失，有关环境教育也只是围绕《环境保护法》进行了原则性的规定，但提法十分笼统且不具有可操作性。而完善健全的公众环境教育法律体系将无疑对提高公众环境素养，推动我国生态文明建设有十分关键的作用。因此，我国应尽快制定正规的《环境教育法》，或者西部各省区也可以制定相关的条例规定，以明确国家和地方政府在环境教育方面的职责与作用。

加大环境教育资金和资源投入。环境教育的具体策划与实施都离不开足够的资金和资源支持，而西部地区基础设施水平本来就低，因此，加大环境教育资金和资源投入尤为重要。各地方可以与环境教育相关的图书馆和数据库，为学生、教师和公众查找相关文献资料提供便利；可以建立网络教学资源，其内容包括可以教学方法、教学内容以及教学素材等环境教育的信息资源。还可以针对不同群体建立网站，如分小学站、初中站和高中站，根据不同阶段学生的知识结构，分别为他们提供合适的网络环境教育资源。同时，教育部门还可以与相关环境部门合作，建立网站链接，使公众能够更方便及时、全面地了解所在地区的环境与资源状况；建立中小学野外环境教育中心或基地，为环境教育提供丰富的课程资源和教学环境。

对中小学教师进行环境培训。教师在学校教育中扮演着非常重要的角

色，所以其是否能够在环境教育中给予学生正确的、专业的引导，这将是中小学环境教育目标能否实现的关键因素之一。所以在充分利用社会现有的相关师资的同时，还应加强对相关教师的环境培训。例如，制订教师环境教育培训计划，可以在师范类高校开设环境科学原理与方法、自然资源利用及保护、生态学基础原理、环境伦理（道德）以及培训专业技能的方法等相关课程。同时，还可以通过面向中小学教师设立相关的研究项目，建立国家和地方的环境教育基金，鼓励企业或个人捐献给有关环境教育的非政府组织的资金投入等，以此来培养能够实施环境教育的教师。

第6章 总结与展望

在城市化快速发展以及国家大战略实施的背景下，西部地区城市作为我国主要的地域单元，其迎来了前所未有的发展机遇，社会经济综合水平不断提升，但生态环境本底脆弱、生产方式落后、产业结构不合理、经济增长点少、基础设施薄弱等问题，致使西部城市在快速发展的同时，城市生态环境问题日益严峻，城市发展多方面受限。

目前，西部地区城市综合水平较低，与东部发达地区相比，处于相对落后的地位，但其也有特殊的区位优势和重要的战略地位。从西部地区的城镇化发展来看，它们是推动我国国土空间均衡开发、引领区域经济发展的重要增长极，是我国“西部大开发”和“丝绸之路经济带”的重要区域，在承接东部地区产业转移以及推进我国区域经济协调发展中处于重要的地位。此外，西部经济中心以及城市的发展承担着缩小东西部地区经济社会发展差距、全面建成小康社会、维护各民族安定团结，国防安全建设和生态文明建设的重大责任，区位优势明显，战略地位突出。因此，在我国新的历史发展时期，如何保护西部城市的生态环境，构筑城市及城市群的生态安全，实现西部生态脆弱区城市健康持续发展，对我国西部地区乃至全国的生态文明建设意义重大。

本书从城市学、生态学、经济学、景观生态学及城市生态学等多学科的视角，基于国内外相关专家学者的研究基础与成果，结合笔者多年的研究成果积累，对相关综合基础理论与方法进行了梳理总结，研究分析了西部脆弱区城市特征与生态环境影响，包括城市发展趋势及特点，区位优势及战略地位，城市生态环境问题。选取西部地区的两个典型城市进行了案例研究，即内蒙古的呼和浩特市和鄂尔多斯市，前者为省会城市，后者为资源型城市。着重研究了这两个城市的环境、社会、经济状况，内容包括生态环境的动态变化，环境、社会与经济间的协调度、适宜度评价，生态安全评价，城市化与环境污染的相关性，以及城市景观格局特征等。最后，提出了西部脆弱区城市生态文明建设与调控策略，包括：保护生态环境，加强环境治理；合理利用开发，实现资源可持续；因地制宜，构筑西部特色新型城镇化；依托国家战略与政策，助力环保产业发展；打造城市群经济，提升区域竞争力；提升公众环境素养，构筑和谐社会等。

总体来说，西部地区在地理位置、气候条件、生产方式、历史问题以及文化习俗等方面，有着区域的特殊性，如何针对西部整体地区，或西部某一地区进行生态环境的保护与生态安全的构建，还应因地制宜，统筹规划。此外，城市生态环境问题具有复杂性、区域性和多样性等特点，而城市生态安全作为国家安全的一个重要方面，相关研究相对而言还比较滞后，还处于初级发展阶段，其理论体系和评价方法都有待于进一步地研究与发展。

从当前城市生态环境与生态安全的研究成果中不难发现，对城市生态环境与生态安全的系统性研究还不完善。首先，城市是以人为主体，是人工复合的、特殊的、不完整的复杂系统，对其生态安全的影响因子识别判断存在较大的困难。此外，不同区域又有着各自的不同特点，因此往往难有统一的标准。其次，目前尚无法实现安全级别标准的科学判定，而针对某些指标因子，一般是根据现有研究成果来确定其安全阈值，这样做可能会使研究结果与实际不符，而且还有大量的指标仍然需要多学科的深入研究分析，使之更加科学、合理。

针对西部生态脆弱区城市自身以及城市系统的特点，在城市生态安全的评价过程中，应综合多学科的研究理论与方法来进行相关的探索研究，如可根据景观生态学的原理与方法，并可以借助3S技术，不是采用常规的数值表达，而是采用空间格局特征的形式来表达，并在此基础上揭示其演变历程与规律、空间异质性以及驱动因子等，并可构建起城市生态安全评价、预测和预警的完整体系。城市生态安全是实现城市社会—经济—自然复合生态系统的协调和持续发展的基础，对于西部城市而言，这更为重要、关键，因此生态城市的兴起必须首先解决城市生态安全问题。由于城市生态系统的复杂性和动态性，在进行相关的研究时，要结合实际情况，采用适宜的研究理论与方法，并针对不同城市采取相应的措施和方法。因此，对城市生态安全问题进一步的研究重点，是今后应该侧重于对城市系统中的单因素进行控制管理的研究。此外，由于城市是一个复合的复杂系统，研究各个要素之间以及要素与城市系统之间的耦合关系也具有十分重要的理论及实践意义。

总之，城市生态安全研究作为可持续发展领域的前沿课题，有着很高的学术价值和应用价值。在西部城市化快速发展的新时期，掌握西部城市生态安全的程度和水平，使政府决策者和公众及时了解城市发展的生态环境压力的严重态势，协调自然、社会和经济发展之间的关系，降低城市风险，减少或解决城市问题，可为城市规划管理、发展定位以及政策制定与实施等方面提供依据和指导，对进一步促进西部城市的可持续发展具有重大意义。

参考文献

[1] Angela. Canas, Paulo Ferrao, Pedro Conceicao. A New Environmental Kuznets Curves? Relationship between Direct Material Input and Income per Capita: Evidence from Industrialized Countries [J]. Ecological Economics, 2003, 46 (2): 217-229.

[2] Day K. M., Grafton R. Q. Growth and the Environment in Canada: An Empirical Analysis [J]. Canadian Journal of Agricultural Economics, 2003, 51 (2) : 197-216.

[3] Grossman G., Krueger A. Economic Growth and the Environment [J]. Quarterly Journal of Economics, 1995 (110): 353-377.

[4] Richard T. T. Forman. 城市生态学—城市之科学 [M]. 邬建国，刘志锋，黄甘霖等译. 北京：高等教育出版社，2017.

[5] Roseland M. Dimension of the Future: An Eco. city Overview. Eco—City Dimensions, Edited by Roseland [M]. Phiadelphia, PA: New Society Publishers, 1997.

[6] Sven Erik Jorgensen. 生态系统生态学 [M]. 曹建军等译. 北京：科学出版社，2017.

[7] 阿瑟·奥沙利文. 城市经济学 [M]. 北京：中信出版社，2003.

[8] 安乾，李小建，吕可文. 中国城市建成区扩张的空间格局及效率分析（1990—2009）[J]. 经济地理，2012，32（6）：37-45.

[9] 曹伟. 城市生态安全续论 [M]. 武汉：华中科技大学出版社，2011.

[10] 陈国阶. 论生态安全 [J]. 重庆环境科学，2002，3（24）：2-3.

[11] 崔秀萍，刘果厚. 呼和浩特城市生态系统环境评价与分析 [J]. 地域研究与开发，2011（6）：79-83.

[12] 戴天兴. 城市环境生态学 [M]. 北京：中国水利水电出版社，2013.

[13] 董雯，刘志辉. 基于 FAHP 原理的水资源承载力综合评价研

究——以新疆博尔塔拉河流域和精河流域为例 [J]. 干旱区资源与环境，2008，22 (10)：5-11.

[14] 范海燕，吕信红，刘臣辉. 基于主成分分析法的扬州城市生态系统评价 [J]. 安全与环境工程，2010，17 (3)：47-50.

[15] 方创琳. 中国西部生态经济走廊 [M]. 北京：商务印书馆，2004.

[16] 方创琳. 中国城市群选择与培育的新探索 [M]. 北京：科学出版社，2015.

[17] 方创琳，鲍超，乔标. 城市化过程与生态环境效应 [M]. 北京：科学出版社，2008.

[18] 方创琳，刘毅，林跃然等. 中国创新型城市发展报告 [M]. 北京：科学出版社，2013.

[19] 方创琳，宋吉涛，蔺雪芹等. 中国城市群可持续发展理论与实践 [M]. 北京：科学出版社，2010.

[20] 方创琳. 中国城市发展空间格局优化理论与方法 [M]. 北京：科学出版社，2016.

[21] 冯健，周一星. 中国城市内部空间结构研究进展与展望 [J]. 地理科学进展，2003，22 (3)：304-315.

[22] 冯骁，曾俊伟，钱勇生等. 西部城市群交通网络结构分析和实证研究——以兰西城市群为例 [J]. 物流技术，2017，36 (1)：6-11.

[23] 傅伯杰，陈利顶，马克明等. 景观生态学原理及应用（第 2 版）[M]. 北京：科学出版社，2011.

[24] 高峰，范宪伟，王学定等. 资源型城市经济转型绩效评价分析 [J]. 商业研究，2012 (8)：70-75.

[25] 高明，郭施宏，夏玲玲. 福州市城市化进程与大气污染关系研究 [J]. 环境污染与防治，2015，37 (5)：44-49.

[26] 龚建周，夏北成. 城市生态安全评价及部分城市生态安全态势比较 [J]. 安全与环境学报，2006，6 (3)：116-119.

[27] 顾朝林，庞海峰. 基于重力模型的中国城市体系空间联系与层域划分 [J]. 地理研究，2008，27 (1)：1-12.

[28] 郭晋平. 景观生态学 [M]. 北京：中国林业出版社，2016.

[29] 郭显光. 改进的熵值法及其在经济效益评价中的应用 [J]. 系统工程理论与实践，1998 (12)：98-100.

[30] 国家发展和改革委员会. 西部大开发"十三五"规划 [C]. 2016.

[31] 韩庆利，陈晓东，常文越. 城市生态环境与可持续发展评价指标体系研究 [J]. 环境保护科学，2005，31 (132)：52-56.

[32] 韩学键，元野，王晓博等. 基于 DEA 的资源型城市竞争力评价研究 [J]. 中国软科学，2013 (6)：127-133.

[33] 郝晨光，于丹丹. 生态城市建设理论和实现途径 [M]. 赤峰：内蒙古科学技术出版社，2017.

[34] 郝寿义，安虎森. 区域经济学 [M]. 北京：经济科学出版社，2004.

[35] 贺颖. 生态经济视角下的西部地区城市竞争力影响因素分析 [J]. 生态经济，2018，34 (7)：99-103.

[36] 洪刚. 城市生态廊道保护的博弈分析 [J]. 城市发展研究，2012，19 (12)：94-101.

[37] 呼和浩特市统计局. 呼和浩特市国民经济和社会发展统计公报 (2000—2017) [EB/OL]. http：//www. huhhot. gov. cn/hhhttjj/show_ news. asp? id=1202，2015-04-08.

[38] 胡道生，宗跃光，许文雯. 城市新区景观生态安全格局构建——基于生态网络分析的研究 [J]. 城市发展研究，2011 (6)：37-43.

[39] 胡锦涛. 坚定不移地沿着中国特色社会主义前进，为全面建成小康社会而努力奋斗 [M]. 北京：人民出版社，2012.

[40] 黄金川，孙贵陆，闫梅等. 中国城市场强格局演化及空间自相关特征 [J]. 地理研究，2012，31 (8)：1355-1364.

[41] 黄一绥，黄玲芬. 福建省城市化与工业污染的关系研究 [J]. 生态环境学报，2009，18 (4)：1342-1345.

[42] 贾晓晴，赵奎涛，胡克. 资源型城市转型发展探讨——以盘锦市为例 [J]. 城市发展研究，2011，18 (1)：109-113.

[43] 焦晓云. 新型城镇化进程中农村就地城镇化的困境、重点与对策探析—— "城市病" 治理的另一种思路 [J]. 城市发展研究，2015 (1)：108-115.

[44] 康丽玮，王晓峰，甄江红. 基于 AHP 法的城市现代化水平综合评析——以鄂尔多斯市为例 [J]. 干旱区资源与环境，2013，27 (2)：41-45.

[45] 李栋，刘晶茹，王如松. 城市生态系统代谢分析方法与评价指标研究进展 [J]. 生态经济，2008 (6)：35-39.

[46] 李国柱. 经济增长与环境协调发展的计量分析 [M]. 北京：中国经济出版社，2007.

[47] 李辉. 中国区域城市化模式与生态安全研究 [M]. 北京：社会科学文献出版社，2017.

[48] 李惠娟，龙如银，兰新萍. 资源型城市的生态效率评价 [J]. 资源科学，2010，32 (7)：1296-1300.

[49] 李建龙. 现代城市生态与环境学 [M]. 北京：高等教育出版社，2006.

[50] 李静，李雪铭，刘自强. 基于城市化发展体系的城市生态环境评价与分析 [J]. 中国人口·资源与环境，2009，19 (1)：156-160.

[51] 李静，李雪铭，刘自强. 基于城市化发展体系的城市生态环境评价与分析 [J]. 中国人口·资源与环境，2009，19 (1)：156-161.

[52] 李俊莉，曹明明. 基于能值分析的资源型城市循环经济发展水平评价——以榆林市为例 [J]. 干旱区地理，2013，36 (3)：528-535.

[53] 李茜，宋金平，张建辉等. 中国城市化对环境空气质量影响的演化规律研究 [J]. 环境科学学报，2013，3 (9)：2402-2411.

[54] 李清均. 后发优势：中国欠发达地区发展转型研究 [M]. 北京：经济管理出版社，2001.

[55] 李志宏，刘丽英，董晓红. 呼和浩特市环境现状及其保护措施 [J]. 内蒙古农业科技，2007 (4)：91-92.

[56] 梁士楚，李铭红. 生态学 [M]. 武汉：华中科技大学出版社，2015.

[57] 林文雄. 生态学 [M]. 北京：科学出版社，2013.

[58] 刘伯霞. 西部新型城镇化速度与质量应同步提升 [N]. 甘肃日报，2016-02-29 (15).

[59] 刘耕源，杨志峰，陈彬. 基于能值分析方法的城市代谢过程研究——理论与方法 [J]. 生态学报，2013，33 (15)：4539-4551.

[60] 刘金培，汪官镇，陈华友等. 基于 VAR 模型的 PM2.5 与其影响因素动态关系研究——以西安市为例 [J]. 干旱区资源与环境，2016，30 (5)：78-84.

[61] 刘泉，陈朝镇，胡文波. 绵阳城市生态安全评价研究 [J]. 绵阳师范学院学报，2008，27 (8)：113-117.

[62] 刘世庆. 中国西部大开发经济转型 [M]. 北京：经济科学出版社，2003.

[63] 刘希刚，韩璞庚. 人学视角下的生态文明趋势及生态反思与生态自觉——关于生态文明理念的哲学思考 [J]. 江汉论坛，2013 (10)：

56-61.

[64] 刘易斯·芒福德. 城市发展史 [M]. 宋俊岭，倪文彦译. 北京：中国建筑工业出版社，2005.

[65] 陆大道. 中国区域发展的理论与实践 [M]. 北京：科学出版社，2003.

[66] 陆书玉. 环境影响评价 [M]. 北京：高等教育出版社，2002.

[67] 罗晓，李双江. 石家庄市生态安全格局的识别与优化 [J]. 安徽农业科学，2011，39 (27)：16731-16752.

[68] 聂春霞，何伦志，甘昶春. 城市经济、环境与社会协调发展评价——以西北五省会城市为例 [J]. 干旱区地理，2012，35 (3)：517-525.

[69] 牛秀红. 西部典型城市创新效率及其提升路径研究 [D]. 中国矿业大学博士学位论文，2018.

[70] 裴喜春. SAS 及应用 (第 2 版) [M]. 北京：中国农业出版社，2007.

[71] 乔家君. 改进的熵值法在河南省可持续发展能力评估中的应用 [J]. 资源科学，2002，26 (1)：113-118.

[72] 任保平，周志龙. 丝绸之路经济带建设中打造西部大开发升级版的战略选择 [J]. 兰州大学学报 (社会科学版)，2015，43 (6)：79-85.

[73] 任泽瑶，钱勇生，曾俊伟，广晓平. 兰西城市群城市空间形态与交通网络结构的关联性研究 [J]. 公路，2018，63 (6)：181-186.

[74] 沈迟，张国华. 城市发展研究与城乡规划实践探索 [M]. 北京：中国发展出版社，2016.

[75] 沈清基，王玲慧. 城市生态学新发展：解读、评析与思考 [J]. 城市规划学刊，2018 (2)：113-118.

[76] 施晓清，赵景柱，欧阳志云. 生态安全及其动态评价 [J]. 生态学报，2005，25 (12)：3237-3239.

[77] 史兴民，韩申山，安鹏飞等. 中西部典型资源型城市环境脆弱性评价 [J]. 地域研究与开发，2010，29 (6)：63-68.

[78] 舒小林，齐培潇，姜雪等. 旅游业影响我国西部地区新型城镇化的因素、机理及路径研究——基于西部地区 32 个旅游城市的数据分析 [J]. 生态经济，2018，34 (8)：105-111.

[79] 宋永昌. 城市生态学 [M]. 上海：华东师范大学出版社，2000.

[80] 宋永昌，戚仁海，由文辉等. 生态城市的指标体系与评价方法 [J]. 城市环境与城市生态，1999，12 (5)：16-19.

[81] 苏伟洲，李嘉. 对西部地区城市化与产业发展的思考 [J]. 中央社会主义学院学报，2015 (4)：107-111.

[82] 孙儒泳，李博，诸葛阳等. 普通生态学 [M]. 北京：高等教育出版社，1993.

[83] 孙志芬，刘春艳，宋宇. 呼和浩特市城市生态环境动态评价分析 [J]. 内蒙古林业调查设计，2006，29 (4)：3-5.

[84] 陶宇，李锋，王如松等. 城市绿色空间格局的定量化方法研究进展 [J]. 生态学报，2013，33 (8)：14-26.

[85] 汪劲柏. 城市生态安全空间格局研究 [D]. 上海：同济大学硕士学位论文，2006.

[86] 王斌斌. 低碳经济发展评价体系构建与经验研究——以大庆市为例 [J]. 东北财经大学学报，2010 (6)：46-51.

[87] 王辉耀. 深刻把握"一带一路"机遇，加快建设西部国际门户枢纽城市 [N]. 成都日报，2018-03-21 (010).

[88] 王明全，王金达. 城市生态安全评价研究——以长春市为例 [J]. 干旱区资源与环境，2007，21 (3)：72-76.

[89] 王祥荣. 城市生态学 [M]. 北京：科学出版社，2011.

[90] 王祥荣. 城市生态学 [M]. 上海：复旦大学出版社，2011.

[91] 王效科. 城市生态系统：演变、服务与评价——"城市生态系统研究"专题序言 [J]. 生态学报，2013，33 (8)：21-23.

[92] 王效科，欧阳志云，仁玉芬等. 城市生态系统长期研究展望 [J]. 地球科学进展，2009，24 (8)：328-335.

[93] 王震国. 大生态时代的城市创新 [M]. 上海：上海交通大学出版社，2014.

[94] 王子月，李博. 西部脆弱地区产业结构及竞争力分析——以新型城市一师阿拉尔市为例 [J]. 中国集体经济，2018 (20)：17-19.

[95] 魏丽莉，张利敏. 丝绸之路经济带西部城市群金融发展的空间差异研究 [J]. 石河子大学学报（哲学社会科学版），2017，31 (4)：1-7.

[96] 温国胜. 城市生态学 [M]. 北京：中国林业出版社，2013.

[97] 翁毅，张灵，周永章. 人工廊道效应与城市建成区景观演变的关系——以广州中心城区为例 [J]. 自然资源学报，2009，24 (5)：799-808.

[98] 吴玥弢，仲伟周. 城市化与大气污染——基于西安市的经验分析 [J]. 当代经济科学，2015，37 (3)：71-80.

[99] 夏青. 面向可持续发展的资源型城市生态环境评价 [M]. 北京：

科学出版社，2010.

［100］徐晓霞. 中原城市群城市生态系统评价研究［J］. 地域研究与开发，2006，25（5）：98-102.

［101］徐艳红，范海娇. 呼和浩特市辖区经济发展与耕地面积变化趋势分析［J］. 安徽农业科学，2015，43（3）：346-349.

［102］徐振强. 试论我国城市生态文明支撑体系与城市生态学优先研究主题［J］. 科技促进发展，2014（2）：106-112.

［103］许国成. 西部地区城市生态文明评价及发展研究［D］. 中国地质大学博士学位论文，2018.

［104］许志国. 系统科学［M］. 上海：上海科技教育出版社，2000.

［105］鄢涛，李芬，彭锐. 基于景观生态安全格局的城镇绿色廊道网络建立研究［J］. 城市发展研究，2012，19（8）：22-27.

［106］燕群，蒙吉军，康玉芳. 中国北方农牧交错带土地集约利用评价研究——以内蒙古鄂尔多斯市为例［J］. 干旱区地理，2011，34（6）：1017-1023.

［107］燕月，陈爽，李广宇等. 城市紧凑性测度指标研究及典型城市分析——以南京、苏州建设用地紧凑度为例［J］. 地理科学进展，2013，32（5）：55-64.

［108］杨丹辉，李红莉. 地方经济增长和环境质量——以山东省域为例的库兹涅茨曲线分析［J］. 经济管理，2011（3）：37-46.

［109］杨海生，周永章，王夕子. 我国城市环境库兹涅茨曲线的空间计量检验［J］. 统计与决策，2008（10）：43-46.

［110］杨建林，张思锋，王嘉嘉. 西部资源型城市产业结构转型能力评价［J］. 统计与决策，2018，34（5）：53-56.

［111］杨佩卿. 西部地区新型城镇化发展目标、动力机制与绩效评价研究［D］. 西北大学博士学位论文，2017.

［112］杨士弘. 城市生态环境学［M］. 北京：科学出版社，2003.

［113］杨小波. 城市生态学［M］. 北京：科学出版社，2010.

［114］杨志峰，徐琳瑜，毛建等. 城市生态安全评估与调控［M］. 北京：科学出版社，2013.

［115］叶浩，濮励杰，张鹏. 中国城市体系的空间分布格局及其演变［J］. 地域研究与开发，2013，32（2）：41-44.

［116］张敦富，叶裕民，刘治彦. 城市经济学原理［M］. 北京：中国轻工业出版社，2007.

[117] 张坤民，温宗国，杜斌等. 生态城市评估与指标体系 [J]. 北京：化学工业出版社，2003.

[118] 张坤民，温宗国. 生态城市评估与指标体系 [M]. 北京：化学工业出版社，2003.

[119] 张莉. 改革开放以来中国城市体系的演变 [J]. 城市规划，2001，25 (4)：7-10.

[120] 张思锋，沈志江. 资源型城市能源产业可持续发展评价模型构建及应用 [J]. 兰州大学学报（社会科学版），2011，39 (6)：87-91.

[121] 张卫民. 基于熵值法的城市可持续发展评价模型 [J]. 厦门大学学报（哲学社会科学版），2004 (2)：107-115.

[122] 张晓莉，杨近娇. 丝绸之路经济带沿线区域经济发展能力综合评价——以我国西部 10 个城市为例 [J]. 石河子大学学报（哲学社会科学版），2017，31 (4)：8-13.

[123] 张秀梅，张征，王举位等. 基于 PSR 模型的煤炭资源型城市生态安全评价研究——以鄂尔多斯市为例 [J]. 安徽农业科学，2011，39 (17)：10421-10422.

[124] 张焱，张平. 我国西部地区城镇化的影响因素及动力系统研究 [J]. 改革与战略，2018，34 (3)：108-111.

[125] 张怡梦，尚虎平. 中国西部生态脆弱性与政府绩效协同评估——面向西部 45 个城市的实证研究 [J]. 中国软科学，2018 (9)：91-103.

[126] 张怡梦. 中国西部地区生态脆弱性评估——面向西部 45 个城市的探索性研究 [J]. 统计与信息论坛，2018，33 (8)：74-84.

[127] 张颖. 西部地区资源型生态城市规划方法探讨——以克拉玛依市为例 [J]. 城市建设理论研究（电子版），2018 (5)：32-36.

[128] 张裕凤，孙宇雯，阿娜力斯. 西部能源经济区城市体系评价 [J]. 中国土地科学，2016，30 (9)：57-63，81.

[129] 赵丹，李锋，王如松. 城市土地利用变化对生态系统服务的影响——以淮北市为例 [J]. 生态学报，2013，33 (8)：2343-2349.

[130] 赵荣钦，黄贤金，彭补拙. 南京城市系统碳循环与碳平衡分析 [J]. 地理学报，2012，67 (6)：758-770.

[131] 赵银兵，倪忠云，赵勇. 成都市建成区形态动态演变及驱动机制研究 [J]. 安徽农业科学，2012，40 (11)：6766-6769.

[132] 郑博福. 城市环境与生态学 [M]. 北京：中国水利水电出版社，2016.

［133］《中国城市发展报告》编委会. 中国城市发展报告［M］. 北京：中国城市出版社，2012-2016.

［134］中国统计局. 鄂尔多斯统计年鉴（2000—2017）［M］. 北京：中国统计出版社，2017.

［135］中国统计局. 呼和浩特统计年鉴（2000—2017）［M］. 北京：中国统计出版社，2017.

［136］周博，李海绒. 西部地区中等城市产业承接力培育研究［J］. 经济纵横，2015（11）：83-86.

［137］周文华，王如松. 城市生态安全评价方法研究——以北京市为例［J］. 生态学杂志，2005，24（7）：848-852.

［138］周兴维. 战略重心的西移［M］. 北京：民族出版社，2000.

［139］周亚莉，袁晓玲，薛义明等. 陕西省经济增长与环境污染关系研究［J］. 统计与信息论坛，2009，24（3）：36-41.

［140］周忠学，仇立慧. 城市化对生态系统服务功能影响的实证研究——以西安市南郊为例［J］. 干旱区研究，2011，28（6）：974-979.

［141］朱翠华，张晓峒. 经济发展和环境关系的实证研究［J］. 生态经济，2012（3）：48-53.

［142］朱炜宏. 西部城市新型聚合空间规划研究［J］. 规划师，2016，32（9）：41-42.

后 记

当前，在“丝绸之路经济带”建设和“西部大开发战略”背景下，随着新型城镇化的快速推进，西部地区的城市发展与生态文明建设尤为重要。西部地区既是打赢脱贫攻坚战、全面建成小康社会的重点难点，也是我国发展重要回旋余地和提升全国平均发展水平的巨大潜力所在，是推进东西双向开放、构建全方位对外开放新格局的前沿，在区域发展总体战略中具有优先地位。因此，对西部生态脆弱区城市生态环境与安全格局进行相关研究具有重要的理论意义和实践价值，其可为西部城市可持续发展提供科学的决策支持和依据。

本书基于国内外相关专家学者的研究成果与经验，结合笔者多年的研究项目与研究成果的积累，在对基础研究理论与研究方法梳理总结的基础上，以案例的形式，对西部地区的城市生态环境与生态安全进行了一次探索研究。尽管取得了一些进展，但由于主客观条件的限制，加之西部城市区域的特殊性，使得研究仍存在诸多不足和问题，望同行专家批评指正。

此外，需要指出的是，城市作为人类最大的聚落和社会文明的主要载体，未来的城市研究仍然是城市科学、城市规划、社会科学以及自然科学等研究领域的世界前沿与热点课题之一。然而城市是一个复杂的、不完全的人工生态系统，涉及自然、社会、经济领域的各个方面，具有复杂性、多样性及多变性等特征，所以对其进行科学的、系统的研究依然是未来进一步探索研究的方向和动力。

崔秀萍

2020 年 3 月